U0162704

广西优秀传统文化
出版工程

“自然广西”丛书

岩溶奇观

覃妮娜　著

广西科学技术出版社
·南宁·

图书在版编目（CIP）数据

岩溶奇观 / 覃妮娜著 .—南宁：广西科学技术出版社，2023.9
（“自然广西”丛书）
ISBN 978-7-5551-1986-9

Ⅰ .①岩…　Ⅱ .①覃…　Ⅲ .①岩溶地貌—广西—普及读物　Ⅳ .① P931.5-49

中国国家版本馆 CIP 数据核字（2023）第 179879 号

YANRONG QIGUAN
岩溶奇观
覃妮娜　著

出 版 人： 梁　志
项目统筹： 罗煜涛
项目协调： 何杏华
责任编辑： 丘　平
装帧设计： 韦娇林　陈　凌
美术编辑： 韦娇林
责任校对： 吴书丽
责任印制： 陆　弟

出版发行：广西科学技术出版社
社　　址：广西南宁市东葛路 66 号
邮政编码：530023
网　　址：http：//www.gxkjs.com
印　　制：广西壮族自治区地质印刷厂

开　　本：889 mm × 1240 mm　1/32
印　　张：6
字　　数：130 千字
版　　次：2023 年 9 月第 1 版
印　　次：2023 年 9 月第 1 次印刷
书　　号：ISBN 978-7-5551-1986-9
定　　价：36.00 元

审 图 号：桂 S（2023）14 号

审图号二维码

质量服务承诺：如发现缺页、错页、倒装等印装质量问题，可联系本社调换。
服务电话：0771-5851474

总序

江河奔腾，青山叠翠，自然生态系统是万物赖以生存的家园。走向生态文明新时代，建设美丽中国，是实现中华民族伟大复兴中国梦的重要内容。

进入新时代，生态文明建设在党和国家事业发展全局中具有重要地位。党的二十大报告提出“推动绿色发展，促进人与自然和谐共生”。2023 年 7 月，习近平总书记在全国生态环境保护大会上发表重要讲话，强调“把建设美丽中国摆在强国建设、民族复兴的突出位置”，“以高品质生态环境支撑高质量发展，加快推进人与自然和谐共生的现代化”，为进一步加强生态环境保护、推进生态文明建设提供了方向指引。

美丽宜居的生态环境是广西的“绿色名片”。广西地处祖国南疆，西北起于云贵高原的边缘，东北始于逶迤的五岭，向南直抵碧海银沙的北部湾。高山、丘陵、盆地、平原、江流、湖泊、海滨、岛屿等复杂的地貌和亚热带季风气候，造就了生物多样性特征明显的自然生态。山川秀丽，河溪俊美，生态多样，环境优良，物种丰富，广西在中国乃至世界的生态资源保护和生态文明建设中都起到举足轻重的作用。习近平总书记高度重视广西生态文明建设，称赞“广西生态优势金不换”，强调要守护好八桂大地的山水之美，在推动绿色发展上实现更大进展，为谱写人与自然和谐共生的中国式现代化广西篇章提供了科学指引。

生态安全是国家安全的重要组成部分，是经济社会持续健康发展的重要保障，是人类生存发展的基本条件。广西是我国南方重要生态屏障，承担着维护生态安全的重大职责。长期以来，广西厚植生态环境优势，把科学发展理念贯穿生态文明强区建设全过程。为贯彻落实党的二十大精神和习近平生态文明思想，广西壮族自治区党委宣传部指导策划，广西出版传媒集团组织广西科学技术出版社的编创团队出版“自然广西”丛书，系统梳理广西的自然资源，立体展现广西生态之美，充分彰显广西生态文明建设成就。该丛书被列入广西优秀传统文化出版工程，包括“山水”“动物”“植物”3 个系列共 16 个分册，“山水”系列介绍山脉、水系、海洋、岩溶、奇石、矿产，“动物”系列介绍鸟类、兽类、昆虫、水生动物、远古动物、史前人类，“植物”系列介绍野生植物、古树名木、农业生态、远古植物。丛书以大量的科技文献资料和科学家多年的调查研究成果为基础，通过自然科学专家、优秀科普作家合作编撰，融合地质学、地貌学、海洋学、气候学、生物学、地理学、环境科学、历史学、考古学、人类学等诸多学科内容，以简洁而富有张力的文字、唯美的生态摄影作品、精致的科普手绘图等，全面系统介绍广西丰富多彩的自然资源，生动解读人与自然和谐共生的广西生态画卷，为建设新时代壮美广西提供文化支撑。

八桂大地，远山如黛，绿树葱茏，万物生机盎然，山水秀甲天下。这是广西自然生态环境的鲜明底色，让底色更鲜明是时代赋予我们的责任和使命。

推动提升公民科学素养，传承生态文明，是出版人的拳拳初心。党的二十大报告提出，“加强国家科普能力建设，深化全民阅读活动”，“推进文化自信自强，铸就社会主义文化新辉煌”。“自然广西”丛书集科学性、趣味性、可读性于一体，在全面梳理广西丰富多彩的自然资源的同时，致力传播生态文明理念，普及科学知识，进一步增强读者的生态文明意识。丛书的出版，生动立体呈现八桂大地壮美的山山水水、丰盈的生态资源和厚重的历史底蕴，引领世人发现广西自然之美；促使读者了解广西的自然生态，增强全民自然科学素养，以科学的观念和方法与大自然和谐相处；助力广西守好生态底色，走可持续发展之路，让广西的秀丽山水成为人们向往的“诗和远方”；以书为媒，推动生态文化交流，为谱写人与自然和谐共生的中国式现代化广西篇章贡献出版力量。

“自然广西”丛书，凝聚愿景再出发。新征程上，朝着生态文明建设目标，我们满怀信心、砥砺奋进。

饱览八桂地貌奇观

从海来向山去

领略壮美广西

微信/抖音扫码

初识 岩溶家族

短视频讲解本书内容

快速获取核心观点

拓宽 阅读视野

优质科普文章推荐

完善你的知识储备

直击 喀斯特奇观

高清插图呈现地质风貌

了解奇观形成原因

探究 风景地貌

公开课讲解地质知识

认识祖国大好河山

目录

微信 / 抖音扫码

综述：从海来，向山去

当人们面对自然界的某种现象时，好奇心往往会驱使人们探究其背后的科学属性，掌握知识的目的就在于此。人们常说："透过现象看本质。"这句话看似神秘又充满哲理，事实上，这就是一句大白话，任何事物的发展都遵循这个基本的原则。

如果我们掌握了一些地质知识，当看见山间石壁上光滑的弧形，我们就知道那里曾经有一条河，那是因为水长时间荡漾而形成的；当看见石块或人行道石砖表面有一簇簇规则的花纹，我们就知道这块石头来自海底，那是海洋里的水藻或珊瑚留下的印记；当看见一片片可以剥离的石板，我们就知道它们生成的年代，那是陆地与海洋反复交替占据这块地盘的产物。同样，当在峡谷里看见头顶的树枝上悬挂塑料袋时，就应该关注河流水位变化，警惕洪水暴发的可能，这可以帮助我们提前规划逃生的路线。

岩溶，也称为喀斯特，是水对可溶性岩石（如碳酸盐岩、石膏、岩盐等）进行以化学溶蚀作用为主，流水的冲蚀、潜蚀和崩塌等机械作用为辅的地质作用，以及由这些作用所产生的现象的总称。由岩溶作用形成的地貌，称为岩溶地貌（也称喀斯特地貌）。

岩溶不是一种质地，它是一种溶蚀的过程和结果。岩石只有被溶蚀到一定程度后才成为岩溶，进行溶蚀的可能是流动的水，也可能是凝固的水（冰）。有一种岩石很容易被混淆，它叫熔岩，是火山喷发出的岩浆，又叫火山岩或火成岩。熔岩也可以被水溶蚀，成为岩溶，如涠洲岛火山国家地质公园里的海蚀地貌。

据统计，全球喀斯特地貌分布面积约 5100 万平方千米，占地球表面积的 10%。我国作为全球三大喀斯特地貌分布片区之一的东亚片区的中心，喀斯特地貌分布面积达 344 万平方千米，主要集中分布在我国的西南地区。广西的喀斯特地貌有 9.63 万平方千米，约占全区土地总面积的 41%，全区 5000 多万人有一大半都居住在喀斯特地貌地区。

亿万年前，当特提斯海被地壳运动推上大陆，海岸浅滩处数亿年沉积的、细腻的淤泥随之上岸，开始了由柔软到坚硬，再到锋利的漫长蜕变。今天的广西就是这片远古海洋沉积形成的大陆的一部分，它最初是一个平缓的基本面，学名叫“夷平面”。这种古老的地平面，在一些高山顶部，偶尔还能见到，如海拔 1250 米的大明山天坪。和大明山 1760 米的主峰站在一起，500 米的落差让天坪露怯，或许它辈分没那么高，是地质年代晚一些的夷平面。

今天的广西，西面有云贵高原，北面横亘有南岭，东面有六万大山、云开大山，西南沿海有十万大山，除了北部湾海岸，一系列高耸的山脉将广西围得像一个三面高、中间平、一面开口的簸箕。每当东南沿海的暖湿气流吹入广西盆地，这些山脉就像一层层的屏风，一次又一次地将水汽阻拦下来，把它们变成雨、变成雾、变成露。这些被拦截的水分成为当地的地表水和地下水，在它们的共同作用下改变着八桂大地的地貌特征。

水流对岩石溶解能力的强弱主要由两个因素决定。一是水的性质，酸性强的水比酸性弱的水溶解能力更强。例如，广西普遍分布的红壤富含酸性，当地表的降雨经过酸性土层，再接触岩石时已成为富含酸性的水，就会对岩石产生较强的溶解。二是水的流动性，在相同的温度下，水的流动性越强对岩石的侵蚀力也就越强。

气温高，降水量多，水流落差大，这些因素都可以促进岩溶的发育。广西地处亚热带季风气候区，岩溶发育较强烈。相反，北方和高原地区，气候干旱寒冷，岩溶发育较弱。例如，珠穆朗玛峰地区也存在厚层石灰岩，侵蚀方式主要为风蚀和冰蚀，但它仍保留有升上高原前的早期岩溶特征。在地质历史发展中，曾出现多次气候变迁，这很大程度上影响了岩溶的发育。

地壳运动形成的构造（如节理、裂隙、断裂等），为水流运动提供了空间，而断裂带、褶皱、隆起和沉降带等，往往会改变河道和水流的运动，如瀑布的形成就是因为河道中出现落差和碎裂，或出现了柔软的河床。德天瀑布、通灵瀑布和三叠泉瀑布都有各自不同的成因。

第三纪以来，云贵高原有三次间歇性上升运动，构成多级岩溶剥蚀面。这些层级可以从河岸两边的台地上观察到，也可以与古河道遗迹的洞穴层级一一对应。例如，桂林七星岩有上、中、下三层，上层和中层间距较近，因两层之间的“天花板”坍塌，可以看见残留的洞迹，而下层是还在发育的地下河，已开放游览的步道设在中层。在同一个地质历史时期，与云贵高原相比，广西地壳上升的速度和幅度相对较小，因此，多期岩溶能够继承和延续发育，从而形成山峰更高、底座更低、造型更多样的岩溶景观。

地球上最厚的岩溶地质可达 10000 米，相当于地表之下的岩溶层，比倒过来的珠穆朗玛峰还多 1000 多米。当夷平面被侵蚀，人们今天看到的各种地形陆续出现了。

它们的出现，有的是一次巧合，如桂林的骆驼山；有的是一种必然，如红水河的大峡谷；也有的是必然里夹杂着各种巧合，那就要数洞穴里的巧合最千奇百怪了。

广西的岩溶景观丰富，据统计，至今已发现的比较重要和典型的岩溶景观资源实体达600多处，主要分布于桂东北、桂中、桂西北和桂西南地区，有峰丛、峰林、孤峰、丘陵、天生桥、石林、石柱峰、象形山、崖壁、洞穴及各类洞穴次生化学沉积物、地下河、穿洞、洼（谷）地、漏斗、坡立谷、盆地、地表河、峡谷（含地缝）、

鹿寨香桥岩天生桥（黄保华　摄）

天坑、天窗、竖井、瀑布、泉、湖泊、湿地等类型齐全、形态典型的岩溶景观。

岩溶家族可分为地表上的正地形和地面下的负地形。按照它们成长的顺序，地表岩溶的第一代，小名叫溶沟，幼名叫石芽，学名叫石林，大名叫峰丛，成名叫峰林，老来叫孤峰。当孤峰退化、消失后，大地则变成了一片平原，第二代从头再来，还是一样的名字，循环往复。

由于负地形的神秘做派，人们对它们的了解相对少得多，视线所及的地域也大多限于开放为景区的溶洞，但实际上地下支系有着与地面同样庞大的系统。

地下岩溶系统最早也许是一条横向或纵向的裂隙，当人们发现它的时候，它如果出生在山上，小个的叫竖井，矮的叫天窗，又高又大的叫天坑；它如果出生在山间或平地，就叫洼地溶斗或落水洞；它如果恰好出生在山脚，就有一个不太好听的名字——盲谷。

以上几位家族成员的“爸爸”都是地下河。它们哥几个是地下支系的门面，但这个支系的颜值担当要数溶洞姐妹花，如石钟乳、石笋、石柱、石幔、穴珠等洞穴沉积物。

900 多年前，北宋的沈括在他的《梦溪笔谈》一书中记载“石穴中水，所滴者皆为钟乳”，描述的就是石钟乳的成因。徐霞客称得上是世界上最早对石灰岩地貌进行系统考察的地理学家。崇祯十年（1637 年），徐霞客来到广西，在他的游记中详细记载了各类岩溶地貌的形态。

徐霞客去世后的 100 多年，1774 年，欧洲人爱士培尔才开始对石灰岩地貌进行广泛考察和描述。19 世纪末，西方学者在斯洛文尼亚的喀斯特高原发现了一些典型的岩溶地貌，于是以发现地为其命名为“喀斯特地貌”，并借助英语的强势地位使它成为通行世界的学术名词。

广西拥有丰富的岩溶地貌和壮美的岩溶景观，众多的国家元首为它倾倒，岩溶景观也因此成为我国外交活动中一张闪亮的名片。截至 2021 年 7 月，广西有 2 项入选《世界遗产名录》，分别为中国南方喀斯特（世界自然遗产）、左江花山岩画文化景观（世界文化遗产），建立了一个世界地质公园和多个国家地质公园，如中国乐业—凤山世界地质公园、乐业大石围天坑群国家地质公园、凤山岩溶国家地质公园、鹿寨香桥岩溶国家地质公园、都安地下河国家地质公园。相信这些地质公园的建立，不仅能给社会大众提供一个欣赏岩溶景观的视角，也将促进人们对地质地貌有更深入的科学认识。

如果你能看到这里，相信你一定极富地理学习天赋，你的大脑，就像岩溶那样容易吸水，哦不！是吸收知识！当知识对你的大脑进行全面侵蚀，哦不！当水与岩溶全方位地进行化学交流后，如果不出意外的话，意外一定会发生。岩溶将开始它的物理改变：裂隙扩大，岩块崩塌，天窗、天生桥、天坑、峡谷、峰丛、峰林相继诞生。龙生九子各不同，一样的溶蚀，不一样的结果。下面，让我们一起去看看岩溶家族成员的成长记吧！

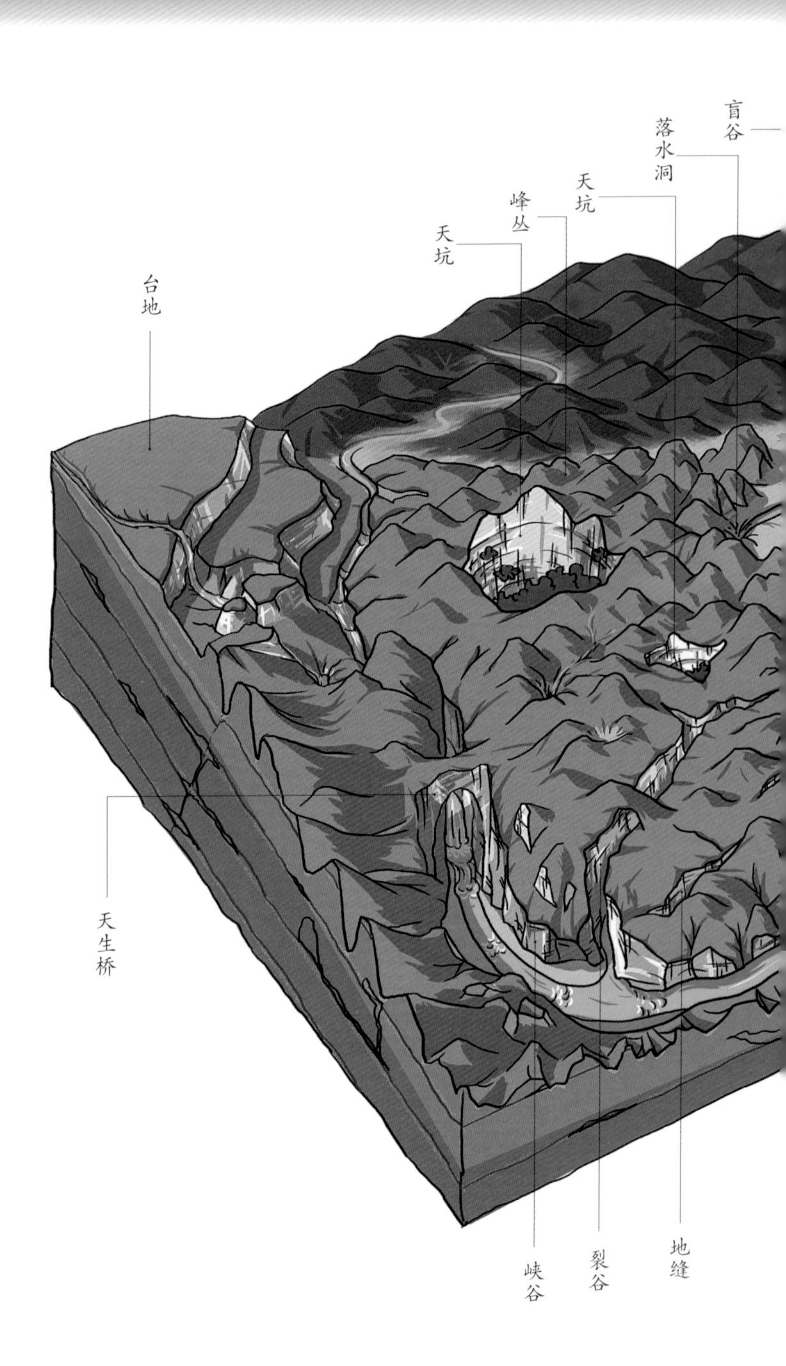
盲谷
落水洞
天坑
峰丛
天坑
台地
天生桥
峡谷
裂谷
地缝

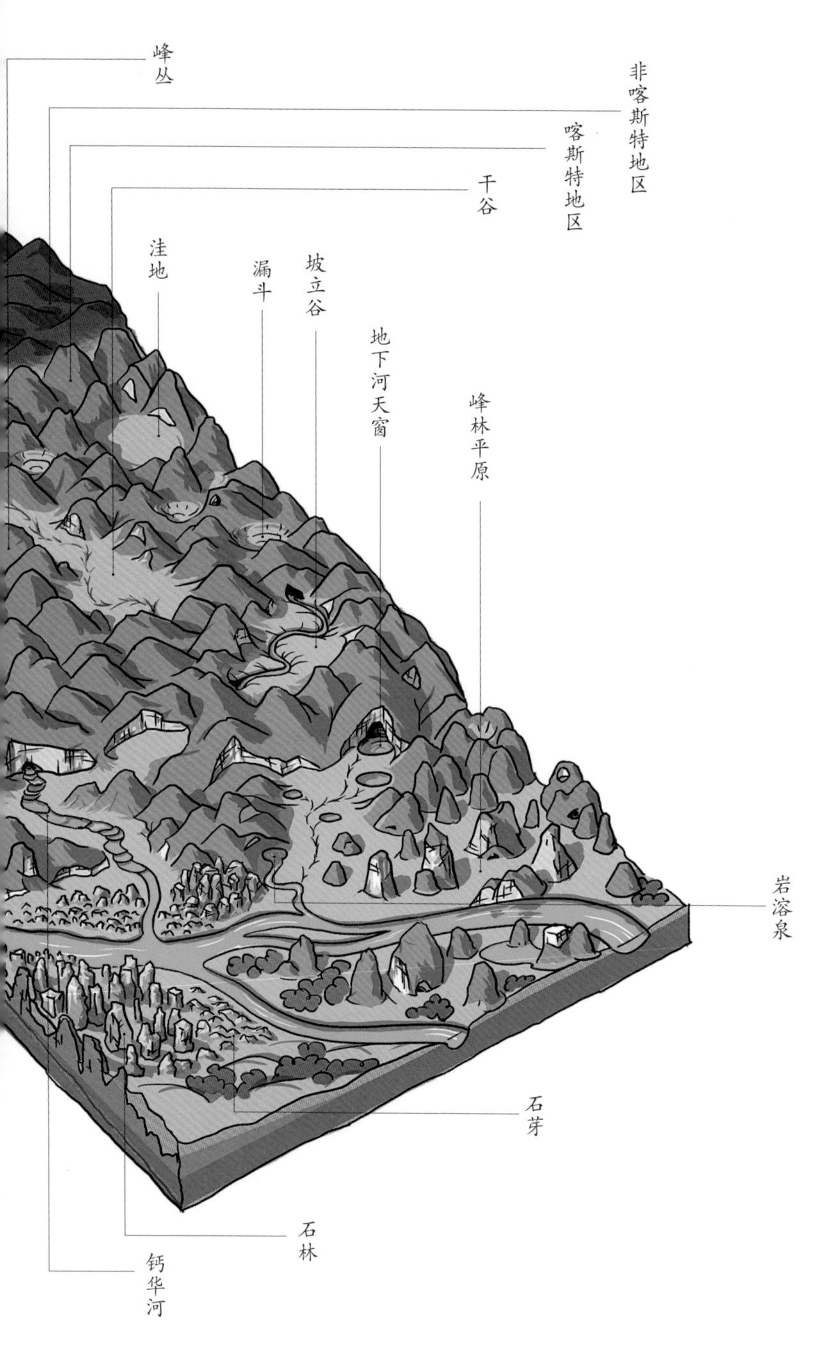

岩溶地貌及景观形态类型示意图（田稚珩　绘制）

峰林与峰丛

1. 桂林 漓江山水
2. 罗城 武阳江
3. 宜州 祥贝世外桃源
4. 下枧河
5. 都安 澄江山水
6. 地苏山水
7. 隆安 布泉河
8. 大新 名仕田园
9. 大化 七百弄

天生桥与穿洞

1. 乐业 布柳河仙人桥
2. 凤山 江洲天生桥
3. 社更天生桥
4. 蚂拐洞天生桥
5. 罗城 天门山
6. 鹿寨 香桥岩天生桥
7. 兴安 白石天生桥
8. 阳朔 月亮山穿洞
9. 灵川 南圩穿岩
10. 鹿寨 月亮穿洞
11. 平乐 笔架山
12. 钟山 望高川岩

天坑

1. 乐业 大石围天坑
2. 那坡 天坑群
3. 凤山 天坑群
4. 东兰 天坑群
5. 巴马 号龙天坑
6. 环江 天坑群
7. 罗城 棉花天坑

石林

1. 崇左 石景林
2. 鹿寨 响水石林
3. 贺州 玉石林
4. 灌阳 文市石林
5. 宜州 水上石林
6. 全州 白宝石林

溶洞

1. 巴马 水晶宫
2. 百魔洞
3. 凤山 鸳鸯洞
4. 云峰洞
5. 穿龙岩
6. 江州地下长廊
7. 南丹 恩村洞
8. 丹泉洞天
9. 河池 珍珠岩
10. 宜州 荔枝洞
11. 乐业 罗妹洞
12. 凌云 纳灵洞
13. 隆林 雪莲洞
14. 德保 吉星岩
15. 大新 龙宫洞
16. 龙州 跑马洞
17. 桂林 七星岩
18. 芦笛岩
19. 冠岩
20. 永福岩
21. 阳朔 莲花岩
22. 荔浦 银子岩
23. 丰鱼岩
24. 灌阳 千家
25. 柳州 都
26. 北流 勾
27. 融水 老
28. 钟山 碧
29. 贺州 紫

广西典型岩溶景观分布图

天窗与地下河

凤山 三门海天窗群
都安 东庙天窗群
鹿寨 香桥岩天窗群
④ 靖西 鹅泉地下河
⑤ 融安 石门仙湖
⑥ 巴马 百鸟岩

30 平果 敢沫岩
31 马山 金伦洞
32 南宁 伊岭岩
33 玉林 水月岩

峡谷

1 天峨 龙滩大峡谷
2 河池 六甲小三峡
3 阳朔 漓江峡谷
4 大化 红水河峡谷
5 靖西 通灵大峡谷
6 古龙山大峡谷
7 大新 黑水河峡谷

喀斯特瀑布

1 大新 德天瀑布
2 靖西 通灵大峡谷瀑布
3 古龙山瀑布群
4 三叠岭瀑布群
5 爱布瀑布
6 环江 牛角寨瀑布群
7 百色 福禄河瀑布群
8 隆林 冷水瀑布
9 鹿寨 响水瀑布

桂林市
柳州市
贺州市
来宾市
梧州市
贵港市
玉林市
钦州市
北海市
涠洲岛
斜阳岛

出入石山之境

峰林和峰丛是喀斯特地貌中最常见的类型。峰林高耸林立，宛如春天从土里钻出的竹笋；峰丛连绵起伏，如同一簇簇盛开的莲花。不论是峰林还是峰丛，都给人一种壮丽雄浑的感觉。象形山则是一种特殊的喀斯特地貌。它的形状酷似动物、植物或其他物体，因此得名“象形山”。这些形态各异的山峰常常让人们联想到各种有趣的形象，如大象、骆驼、月亮、毛笔等。崖壁则陡峭高耸，出露的岩层较为坚硬，不易受到风化侵蚀，因此能够长时间保存。古人常将崖壁作为天然的画板，以其独特的形态创作出壮丽的画卷。而石林则形状各异，有的像塔，有的像楼，有的像倚天宝剑，有的像器物或鸟兽。在石林中漫步，仿佛置身于一座神秘的石头迷宫，令人叹为观止。

峰林和峰丛：喀斯特地貌的双子星

广西山地多平原少，丘陵起伏。多山，是广西给人的第一印象。据统计，广西的碳酸盐岩地层的面积约占全区土地总面积的 41%，由东北往西，有大面积的喀斯特地貌出露，东南方向也有零星分布。广西地处亚热带季风气候区，丰沛的降水给喀斯特地貌的发育提供了极佳的条件，因而这里拥有世界上最典型、最丰富多样的喀斯特地貌形态，从峰林田园，到峡谷暗河，从湿地瀑布，到天坑洞穴，不仅数量众多，而且类型齐全。毋庸讳言，广西凭借众多世间罕见的喀斯特奇观，不断点亮着它的“颜值”。

溶蚀作用是形成喀斯特地貌的主要原因。在高温多雨、植物茂盛的地区，雨水中含有大量的二氧化碳，二氧化碳溶于水后便会形成碳酸。当含有碳酸的雨水通过缝隙流入碳酸盐岩等可溶岩地层时，对碳酸盐岩等可溶岩产生强烈的溶蚀作用。因为碳酸盐岩等可溶岩的主要构成物是碳酸钙，碳酸钙与雨水中的碳酸发生反应生成碳酸氢钙。碳酸氢钙能够溶解在水中，被流水带走。随着时间的推移，碳酸盐岩等可溶岩的缝隙不断被溶蚀而扩大，再加上侵蚀、剥蚀和生物等作用，最后就形成了喀斯特地貌。

喀斯特地貌有各种类型，有地表的也有地下的，有正地形也有负地形。比如，地表的有峰林、峰丛、石林，还有峡谷、坡立谷、盲谷；地下的有溶洞、天坑、漏斗、地下河、伏流、竖井等。溶洞中还会形成各种沉积物，包括石钟乳、石笋、石柱、石瀑布等。在这些地貌景观中，峰林、峰丛无疑是喀斯特最经典、最完美的代表。这是因为这两种地貌是形成岩溶景观的主导因素，它们规模庞大且数量众多，其他景观大部分发育在这两种地貌组成的景观之中。比如，峰丛中的漏斗可以演化成深邃的竖井或巨大的天坑，地下河又可以演化成溶洞，溶洞中可以发育石钟乳和石笋等沉积物。峰林、峰丛就像城市中的地标建筑，其他喀斯特地貌则像是社区街道、公共

晨曦中的峰林和峰丛

设施，如果从空中俯瞰，可以很容易识别出这两种地貌。毋庸讳言，峰林、峰丛就是众多喀斯特地貌中最闪亮的双子星，而群峰耸立的峰林和层峦叠嶂的峰丛则是广西最具特色的地貌名片。

峰林和峰丛有什么区别呢？搞清楚它们的概念至关重要。

“峰林”与“峰丛”作为岩溶地质术语，是 1952 年由著名地理学家曾昭璇根据徐霞客考察广西“石山”地貌的记述概括而成，并正式命名的。它们的拼音词“fenglin”和“fengcong”也是两个最早源自我国并获得国际认可的喀斯特术语。

“峰林”是指在平坦的地面上，突立着塔状、锥状或其他形态的石灰岩石峰。峰体之间常为平原，其组合地形称“峰林平原”。“峰丛”是一种连座峰林，其基部完全相连，顶部为圆锥状或尖锥状的石灰岩石峰。峰丛之间常有封闭洼地，其组合地形称为“峰丛洼地”。

峰林、峰丛的形成，与地壳运动有着密不可分的关系，地壳运动是形成峰林、峰丛等喀斯特地貌的主要动力。喀斯特地貌的岩性主要为石灰岩，属于沉积岩中的一种。沉积岩是经过沉积固结而成的，即石灰岩形成于地下。喀斯特地貌中石灰岩的岩层往往呈倾斜状态。在地壳运动中，沉积岩受到过挤压力形成褶皱，后经地壳抬升，慢慢出露地表，受外力的侵蚀作用，初期会形成峰丛。由于石灰岩易受流水的溶蚀作用，随着溶蚀作用的不断进行，溶蚀越来越明显，峰丛的基座被切开，山与山之间变得相对独立散布，峰丛就被溶蚀成为峰林。当峰林持续被溶蚀，许多山峰会消失无踪，慢慢演变成孤峰或平地。

质地较为纯净的碳酸盐岩是形成峰林、峰丛的物质基础，而最终造就峰林、峰丛景观的都是水。虽然峰林和峰丛看起来像是亲密无间的孪生兄弟，但它们仍然存在差别：峰林是“流水型喀斯特”，其形成源自地面的流水作用，主要分布在地势相对较低的地方，其表现形式为地表上挺立、疏密有致的离散石峰。峰丛则是“入渗型喀斯特”，简单来说就是降水向岩石裂隙入渗形成的，而且多分布在地形上的相对高地或深切的河谷两岸。与峰林离散分布的石峰不同，峰丛是群峰丛聚，并且连接在统一的基座上。

广西的峰林平原海拔为60～870米，山体多呈塔状、锥状、柱状，或密集成林状，或孤峰林立于谷地中，山体表面山石嶙峋，植被稀疏。典型的峰林平原主要分布在桂林—阳朔、平乐—钟山—贺州、大新—崇左、柳江—柳州—来宾等岩溶区，典型的有桂林峰林、大新峰林、贺州峰林等。这些峰林平原多为连片分布，面积达几百至千余平方千米。广西的峰丛洼地海拔为200～1830米，广泛分布于广西各岩溶区，尤其集中分布于广西西北部、西南部等，如大化、都安、乐业、凤山、靖西、大新、巴马等地。这些峰丛洼地的山体多呈锥形、塔形、筒形，呈簇状分布，有连座，山脊呈锯齿状，而洼（谷）地、峡谷、天坑、坡立谷等负地貌则纵横交错分布于各峰丛之间，典型的有大化七百弄峰丛、都安峰丛、乐业峰丛、凤山峰丛等。

大新明仕田园（方移海　摄）

桂林峰林

自古以来，以山清、水秀、洞奇、石美为特色的桂林山水，其千姿百态和诗情画意的美景一直为世人所称道。南宋诗人王正功的一句“桂林山水甲天下”，一度让桂林成为传播最广的“广西印象”。一说到广西，人们首先就会想到桂林山水。山、水、洞、石及云、雾、晴、雨是构成桂林山水的八大自然要素，它们在变幻万千之中形成了山清水秀、风景如画的桂林山水。桂林山水的“骨架”就是峰林，它是桂林山水中最优美迷人的部分，山峰如塔似林，高低起伏，相隔耸立在平整的大地上，在微曦薄雾的光影加持下，清秀而又壮丽。乘船从桂林沿漓江去阳朔途中，随处可见塔状喀斯特山体耸立在河流两岸的平原上，绿水中有青山，青山绿水映成一片，构成一幅幅美不胜收的山水画卷。据统计，在桂林市主城区，高耸林立的石峰有600多座，平均每平方千米有2.1座，真可谓“石峰成林”。“千峰环野立，一水抱城流”

是桂林市最形象的写照。城在景中，景又在城中，可以说桂林人就是居住、生活在山清水秀的景观里。桂林的峰林以多胜，以奇胜，以秀胜。连绵数十里的峰林，如同竹笋一般拔地而起，彼此之间各不相倚，星罗棋布，而秀丽的漓江在这些峰林中蜿蜒流淌，呈现出一幅“江

桂林的峰林平原

桂林奇峰镇峰林（王梦祥　摄）

桂林山水

作青罗带，山如碧玉簪”诗意般的景致。桂林阳朔曾被《中国国家地理》杂志“选美中国”活动评选为“中国最美的五大峰林”的第一名。

到桂林旅行的人，大多会选择徒步游览或乘船观光，故而对桂林峰丛的印象不深，以为桂林只存在峰林。事实上，桂林的峰丛分布面积和峰林差不多。桂林的峰丛千峰万壑，其雄奇壮阔的气势并不比其他地方的峰丛逊色。桂林的峰林和峰丛并不是泾渭分明地一半对一半地分布，而是疏密有致，均衡交错，就像在一起演绎双人舞或对手戏，你中有我、我中有你镶嵌式地展开。峰林的疏，峰丛的密，峰林的塔，峰丛的锥，这两种景观无论哪一种，单独存在都是不完美的。桂林山水就是由这两个喀斯特地貌中的明星，围绕着一条如玉带一样的漓江，用华尔兹般的舞步，左旋右转，辗转腾挪描绘而成的。

桂林山水之所以与其他地方不同，源于其独特的峰林和峰丛喀斯特地貌。据科研人员考证，大约在 3 亿年以前，桂林地区是一片广阔的海洋，由于地壳运动，海底沉积的石灰岩上升为陆地，经过风化剥蚀和雨水溶蚀，形成了独具特色的峰林、峰丛、地下河和溶洞。这种独特的地质历史和地貌特征，使桂林的山水风光成为世界上独一无二的景观。一方面，桂林地区的地层主要由厚达 3000 米的石灰岩组成，宛如一块巨大而完整的璞玉；另一方面，由于漓江流域的北、东、西三面的山不是喀斯特岩山，降水不会直接下渗，而是汇聚成河流。当山上流淌下来的大小河流汇集到桂林地区，便像刻刀一样雕刻着深厚的石灰岩，将其塑造成一座座分离的山峰，使地表成为峰林平原。在阳朔一带，漓江流经区域的石山大多基座相连，仿佛一簇簇灌木丛，构成典型的峰丛地貌。在峰林平原上，地表水流在地表平缓流淌，而峰丛地区的水流则大多竖直向下切割岩体，并渗至地下河中。可以说，正是汇水的地形、深厚的岩层以及地表、地下的河流共同塑造了漓江流域的峰林、峰丛，从而构成了桂林的绝世美景。

大化七百弄峰丛

坐落在红水河畔的大化，藏着一个世间罕见的山海奇观。山在这里集合，成了山的世界，它就是大化七百弄。七百弄位于广西大化瑶族自治县北部，于 2009 年 8 月被授予国家地质公园资格，这是国内唯一一处以高峰丛深洼地为主导景观的地质公园。所谓“弄”，瑶语为“深洼地”的意思，它是山与山拱起的掌心，是山与山连接的脚窝，峰丛“洼地层”层相叠，洼上有洼。当地的瑶族人就居住在弄底，傍山建房，耕种“碗一块瓢一块”的土地。“七百”并不是实际的数字，而是代表“多”的意思。在大化七百弄 251 平方千米的范围内，这里的峰丛洼地，至少有两个指标是属于世界之最的。

首先，七百弄的峰丛数量多，海拔高，分布密度为世界之最。在这里，海拔在 800 米以上的石峰有 9000 多座，平均每平方千米就有 18.51 座，是世界上峰丛密度最大的地区。其次，七百弄的洼地数量多，深度大，其分布密度与深度也是世界之最。七百弄有各种洼地 2566 个，平均每平方千米 5.28 个。其中，深度大于

300 米的深洼地 114 个，深度大于 500 米的超深洼地 5 个，深洼地的平均深度为 377.3 米，最深的达 530 米，七百弄是世界上深洼地最多、最深的峰丛区。因此，岩溶学家将大化七百弄峰丛与云南路南石林、桂林峰林并称为“中国三大典型岩溶地貌”。

通常，峰林多分布于地势相对较低的碳酸盐岩地区，而峰丛多分布于碳酸盐岩地区的中部，或靠近高原、山地的边缘部分。在峰丛发育的过程中，地表部分被持续侵蚀，峰丛底座上的裂隙和孔洞出现向下发育，

大化七百弄峰丛

逐渐形成洼地。这些洼地可以看作是峰丛的伴生物。洼地的形成与气候和地形条件密切相关。在适宜的气候条件下，洼地存在的海拔越高，水动力越强，洼地的发育深度就越大。相反，越接近地下含水层，峰丛底座上的洼地发育深度就越小。因此，靠近平原河谷的峰丛洼地往往较小，而靠近高原峡谷沿岸的峰丛洼地则可能会有较大的落差。这种差异是由于不同地形条件下的气候和水动力等因素造成的。

从大化县城出发，经过一个多小时的车程就能到达七百弄国家地质公园。进入公园后有长约八里的盘山公路，180° 的掉头弯道比比皆是，形成九个大弯，故名“八里九弯”，道路曲折蜿蜒犹如一条彩带飘扬在峰丛间。园区内修建有石板台阶，一直攀升到山顶，游客可以沿着石板台阶登山。从远处看，这条登山步道就像是迷失在七百弄峰丛山林里的小长城一般。

“千山万弄观景台”位于一座海拔为 884.8 米的高山上，是整个七百弄景区主要的景点。站在观景台极目远眺，苍穹广袤，群山似海，仿佛一股巨浪排山倒海扑面而来，壮观辽阔的七百弄齐收眼底；处处都是高耸的峰丛，重峦叠嶂，气势磅礴；千峰竞秀、形态各异，高低错落，变幻无穷；逶迤连绵的山峰层层叠叠，似乎和

大化七百弄峰丛（陈镜宇　摄）

大化七百弄峰丛（张爱林 摄）

天连在了一起，壮观的景致不得不令人感叹大自然的鬼斧神工。向下俯瞰，遍地可见深幽的洼地，村寨农田隐约交织其间，山中云雾缭绕，如梦如幻，这样的景色令人大有穿越了时空，恍若隔世之感。

根据地质专家的考证，七百弄高峰丛深洼地的地貌是经过漫长的地质过程逐步形成的。在这个过程中，水文气候、岩溶岩组和地质构造等多种因素发挥了重要作用。经过亿万年的地层成岩和地壳运动，加上水流的渗透和溶蚀作用，才形成了七百弄峰丛的特殊地貌。在七百弄峰丛地区，大部分山体被低矮的灌木覆盖，尽管一眼望过去绿意盎然，但无法掩盖其贫瘠和干旱的状况。由于没有河流补给，且地下水埋藏深，降雨是该地区唯一的水源。虽然七百弄地区每年的降水量都超过 1500 毫米，但该区域土层浅薄，持水能力弱，降雨极易渗漏，雨水基本上都汇入了地苏地下河。在这片 251 平方千米的土地上，2000 多个洼地就像是 2000 多个漏斗，不管下多大的雨，雨水都能漏光，这导致七百弄地区在温润气候条件下出现特殊的干旱现象。

造物主赐予了七百弄神奇壮丽、天下独绝的美景，但却剥夺了它维系人类生存的水和土，造成当地人生活贫困，因此，多年来它一直是广西贫困山区的代名词。峰丛洼地地貌的特点是石多土少，土地贫瘠，不适合人类居住。因为缺土缺水，山上连灌木都生长得稀稀疏疏，多数是一些从石缝中长出的杂草。由于没有河流和井水，当地的饮水用水全靠老天爷。过去饮水用水靠石臼、瓦缸接雨水，或者用竹子引来山泉水。现在，在政府的资助下，建成了许多用水泥制成的水柜，用这些水柜接来的雨水，基本解决了人畜饮水和田地灌溉的问题。七百弄高峰丛深洼地的地貌，几乎没有可供种植大片作物的地方。世居当地的瑶族人把房屋都建在洼地底部，没有田地，他们就开山建起了圆形的梯田。这种梯田每一级能种一行到两行玉米，远远看去，圈子由大到小，像极了龙卷风，所以就有了“龙卷地”的说法。这形成了七百弄独特的田园景观，每一个弄场，都像一个优美的同心圆世界：圆心中央，是一大块平整的土地，旁边有房屋、晒场、果木和菜园；环绕着这块平地的山坡上，是一级又一级的梯田，构成一个又一个同心圆，仿佛涟漪荡漾开来，随着山势柔软地弯折，而一些水柜则分布在四周，成为一种点缀。

据说，曾经有联合国粮农组织的官员到七百弄地区进行考察并得出结论，称七百弄是除了沙漠外最不适合人类居住的地区。然而，令人惊叹的是，几百年来，却有大量的瑶族人在这个地区世代生活，他们展现出了令人钦佩的忍耐力和顽强的生命力。

大化七百弄“龙卷地”（陈镜宇　摄）

象形山：惟妙惟肖的孤峰

象形山，是广西各岩溶区常见的景观之一，它是裸露地表的碳酸盐岩长期受各种地表流水溶蚀、侵蚀，加上生物作用后发育形成的。从桂林沿漓江顺流而下前往阳朔的水道上，可以看见漓江沿岸有很多象形山：象鼻山、骆驼山、穿山、冠岩、童子拜观音、僧尼山、螺蛳山、神笔峰。漓江周边为什么有这么多惟妙惟肖的象形山呢?

这可能是巧合！因为还有很多的山并没有长成同样漂亮的样子。但话说回来，长成上面那些象形山的样子，需要什么样的巧合呢?

先从象鼻山说起。象鼻山地处桂林市内桃花江与漓江的汇流处，山顶平坦，因酷似一只站在江边伸鼻豪饮漓江甘泉的巨象而得名。象鼻与象身之间的大洞，便是著名的水月洞，水月洞里江水通流，可泛小舟。在月明之夜，它的倒影则构成“水底有明月，水上明月浮。水流月不去，月去水还流”的“象山水月”奇观。象鼻山一直被誉为桂林城的象征及桂林山水的代表。

象鼻山原名漓山，又名宜山、仪山、沉水山，简称象山。唐代莫休符在其所著的《桂林风土记》中称：“（漓山）一名沉水山，以其山在水中，遂名之。”徐霞客对

于这种位于水中的山体还给出了他的判断，并在《粤西游日记》中记载：“下跨于水，上属于山。”

关于象鼻山，当地还流传着一个神奇的传说。

据说，天庭的七仙女有一次下凡，看到凡间的百姓常常受水灾困扰，生活艰难，她很是同情。于是，七仙女带着天庭的天象来到凡间，帮助百姓疏通河道。尽管七仙女为百姓做了好事，但因为私自带着天象下凡触犯了天条，玉帝得知后派天将将七仙女抓回天庭，并将天象变为石山，同时用宝剑将天象镇住，使其永远无法返

象鼻山（陈镜宇　摄）

回天界。如此，日复一日，年复一年。

有一天，普贤菩萨来到这里，看见天象仍被宝剑镇住，得知天象是因七仙女私自带其下凡间帮助百姓疏通河道而受罚，于是就帮天象将宝剑拔去。当然，普贤菩萨也明白天象确实触犯了天条，尽管他将天象身上的宝剑拔去了，但最后还是将自己的宝瓶放在象背上。后来，普贤菩萨的宝瓶化为了象鼻山上的普贤宝塔，而人们感念天象为疏通河道而受罚，将其所化的山称为“象山”，即象鼻山。

象鼻山、穿山、僧尼山和月亮山（阳朔）是山中有“日月”的象形山，它们形成的前提是：山体中正好有一条河，如象鼻山；或者曾经有一条河，如穿山和月亮山，它们山上那个圆圆的穿洞，就是远古的地下河道。河道的前后两段都崩塌以后，就剩下现在我们看见的山体和那上面的一小段河道，成为贯穿山体的“洞”。以此类推，兴坪的僧尼山就是古河道严重退化，顶部崩塌后形成的缺口。

月亮山

象鼻山和对面的穿山上的古河道，垂直高度仅相差几十米，形成的时间却相差几十万年。在这几十万年间，地壳隆起，河流下沉改道，创造了新的河道。

桂林七星公园内的骆驼山，原名酒壶山，因其酷似一只蹲在地上的骆驼而得名，又因像一把古式的酒壶，也叫作“壶山”。据说，明代末年江南名士雷鸣春为避战乱隐居于此，遍种桃花，并著书立说。他为人好饮，醉必长啸，自号“酒人”，死后葬于山脚。每年春天，桃花红遍，仿佛给骆驼山披上赤霞，景色极其优美，故有“壶山赤霞”之誉 。

骆驼山

独秀峰也是一座象形山，不过它不像动物，而是像擎天柱一般竖直耸立，陡峭高峻，气势雄伟，因此有“南天一柱”之称。独秀峰位于桂林市中心的明代靖江王城内，高约 216 米，山势陡峭，山体呈尖锥形。南朝文学家颜延之曾写下“未若独秀者，峨峨郛邑间”的佳句，独秀峰因此得名。山峰突兀而起，形如刀削斧砍，周围众山环绕，而其孤峰傲立，有如帝王之尊。峰壁摩崖石刻星罗棋布，纵横出世，千古名句“桂林山水甲天下”就出于此。山脚下荡漾的月牙池，青山碧水，相映成趣。每当晚霞夕照，孤峰似披紫袍金衣，故又名紫舍山。清代诗人袁枚有诗云：“来龙去脉绝无有，突然一峰插南斗。桂林山形奇八九，独秀峰尤冠其首。”

冠岩、羊角山、羊蹄山，这几座对称型的山峰，大小各异，各自以其所象之物而得名。前两者是山体崩塌后残余岩石巧合发育形成的，后者是地壳运动挤压，导致这部分山体形成类似 V 形的镜像形态，并在侵蚀后期呈现出对称的外观。

神笔峰、朝板山、书童山，临江独立是这几座山峰共同的特点。漓江沿岸的石峰有一个特点，越靠近水边、越低矮的山峰越纤细。它们的成因不是巧合，是因为地表流水从江岸远处的山体高处流至此处时，力量更大，侵蚀性更强，所以江岸边低处的山峰被“打磨”得更小。这些临水的独立山峰也将是下一批倒向江中的“先行者”。

在阳朔县兴坪码头下游的漓江西岸，还有一座螺蛳山，山体层层盘旋，山上纹理自下螺旋而上，直至山顶，整座山酷似一个大青螺，故而得名。这座螺蛳

独秀峰

山的岩性以厚层灰岩为主，山体纹理形成的原因主要是岩层间夹硅质岩、泥岩、砂岩，这些横向的节理，让螺蛳山如同一个多层蛋糕，每层之间有奶油或水果间隔。

螺蛳山

因为各间隔层的岩性不同，导致大气降水沿山坡或岩石表面流动时，产生差异溶蚀、风化而形成阶梯状。山顶受到侵蚀后，崩塌严重，存留最小，山脚接受了崩塌的堆积，体积更大，因而形成了现在螺蛳山的样子。加上沿层间裂隙或蚀余物较多的夹层生长着各类细竹、灌木，如寄生于螺蛳身上的青苔，致使裸露的基岩与植被相间出现，最终使螺蛳山的外貌更加形象。

每当漓江沿岸的乡亲看见那些象形山，他们会用日常所见、所知的事物简单而质朴地为它们命名。作为这个世界级旅游胜地的主人，我们应当知道这些岩溶地貌的成因，并学会欣赏它们。

崖壁：崩塌出来的画板

大多数人也许从来没有想过，很多山上那些垂直陡峭的崖壁是怎么来的。难道不是天生的吗？当然不是。人们常用“寿比南山”来贺寿，山和人的寿命相比，山确实是“永恒”的。但若就某一座山自身而言，它也是有寿命的。与人从小长到大相反，岩溶山是从大往小长，在同一地理位置、环境中，往往越老的山越小。如果它遭遇过地壳运动的“打击”，或与河流相伴，那它还有可能“英年早逝”。岩溶山体上的裂隙就像是它的皱纹，每长一条，就意味着山上的岩石即将崩塌一块。崩塌的规模与裂隙的大小和位置有关，小的可能如鸡蛋、核桃，大的可能就会成为人们看到的大崖壁。

崇左左江崖壁

这种因岩石崩塌形成的大崖壁，其相对光滑、裸露的壁面常常是先人记录历史的天然画板，或是文人墨客留下墨宝的天然石纸，即岩画或石刻，如左江花山岩画、桂林龙隐洞摩崖石刻、桂林鹦鹉山摩崖石刻、柳州大龙潭雷山摩崖石刻等，其中，最出名的当属左江花山岩画。

左江花山岩画位于广西崇左市宁明县驮龙乡耀达村花山屯北面的明江东岸，在临江而立的巨大而陡峭的崖壁上，留存有大量壮族先民骆越人绘制的赭红色岩画，画面多为人物和动物画像，这些画像或疏或密地分布在宽 220 多米、高 44 米的绝壁上。岩画中的人像有赤身裸体的，有身佩长刀或骑在马兽类动物身上并做出某种姿势的，其姿势多为两手平肩上举，而且朝向中心人物，好像是在欢呼跳舞；除人像外还有其他动物、铜鼓、环首刀、弓箭等，画像全为赭红色的剪影形象。画面表达的内容像是壮族先民在进行祭祀活动，也像是在欢度节日或庆祝作战胜利，场面热情奔放，气势恢宏，画面风格体现出浓郁的地方民族风情。据专家考证，花山岩画绘制于战国至东汉时期，距今已有 2000 多年的历史。2016 年，在第 40 届世界遗产大会上，左江花山岩画文化景观被列入《世界遗产名录》。

左江花山岩画经多次绘制才形成现在的规模，有统一风格和单一的内容，它与世界各地岩画的最大区别，就是它面积最大，图案数量最多。

绘制岩画的颜料尚属未解之谜，经检测发现含有赤铁矿和黏合剂成分，以这种用量和绘制周期来看，必定是一个有着严格制度的，至少存在 1000 年的政权才能

左江花山岩画（王梦祥　摄）

实现。但在目前已知的资料里，当时在广西南部生活的只有西瓯和骆越两个部落族群，在关于他们的历史记录中，并没有明确的信息显示他们具有这样的政治实力和经济水平，因此花山岩画的起源成了未解之谜。

话说回来，左江为什么有这么多光秃秃的崖壁呢？这要从十万大山讲起。十万大山作为与沿海相距较近的山脉，每年拦截着海风送来的大量雨水，十万大山地区年均降水量约 2100 毫米，是广西降水最丰富的地区。左江上游的明江，发源于上思县的十万大山。上思就像一口大锅，虽然自己下雨不多，但能把十万大山的水都汇集到自己的“锅底”，然后再汇入明江。所以明江在上游就已经是一条泱泱大河。

明江与驮江汇集后成为左江。巨大的水流，在峡谷里奔流，冲蚀着沿岸的山岩，当山脚的岩壁被流水冲蚀出足够深的向内凹槽时，上方巨大的山体就会失去支撑，山体沿河的一面就会崩塌，这叫“冲蚀型崩塌”。这样的冲蚀在整条河道都存在，水流力量最强的位置在河流转弯时的外圈，因此容易出现视角较好的大 U 形河道和干净平整的新崩塌的崖壁。

这时，一个崭新的巨大剖面出现了，一个新的崖壁也形成了。崩塌完成后，这块洁净的“画板”，就会被流水带出泥土中的色素和钙化沉积进行染色和加工，几十年就会出现肉眼可见的变化。

这样的剖面在民间叫“半面山”或“半壁山”“断崖山”。左江流域绘制有岩画的崖壁，基本上都是垂直的，画面出现在高出地面或水面十米到几十米的地方，有的崖壁下方是水，根本没有立足之地。相比之下，地球上其他地区的岩画，创作环境就宽松多了。左江的古人是怎么在那么高的位置完成绘制的呢？

有人说是搭架子，但有的崖壁下方没有搭架子的地方；有人说是从山顶吊索下来，但很多山顶外凸的夹角，让画师无法接近崖壁；还有人说是乘船去画的，虽然有的岩画只在水面上数米高的位置，每年的雨季水位都可以达到那里，但有的岩画距河面约四十米，左江的水位可能达到那个位置吗？

一直以来，左江花山岩画就像一本未被破译的天书，许多无法解开的谜团至今仍困扰着人们。为什么古骆越人选择在崖壁上绘画？左江花山岩画传达的具体信息是什么？错综复杂的符号又代表着什么？尽管考古学家们进行了大量的研究，但这一系列问题至今仍没有得到完全令人信服的答案。

在人类历史的长河中，许多文明在被世界认知前就已经消失了。而左江花山岩画是幸运的，在经历了 2000 多年的风雨洗礼，它最终走向世界，成为祖先留给后人的宝贵文化财富。尽管左江花山岩画仍有许多未解之谜，但它所展示的独特图像，为已经消逝的神秘骆越文明提供了明确的历史证据。它保存了中国早期人类农业生产、精神信仰等文化遗产，同时也为壮族的文化发展历程增添了深远的意义。

宁明左江花山岩画景观（梁集祥　摄）

石林：喀斯特家族的小字辈

石林，是一种岩溶集合形态，由密集的柱状、剑状、锥状、塔状、不规则状等各种形态石柱和溶蚀裂隙组合而成的林状景观。这些突出于主体的石块或石柱，上窄下宽，坡面陡直，表面溶痕、溶孔、溶槽明显。它们有大有小，高矮不同，5 米以下的通常叫石芽，5 米以上的叫石林。

石林的形成是由于石灰岩地层在地壳运动中受到挤压产生破裂，垂直破裂面（节理）将岩石分割成网格状，水流沿着岩石表面流动，溶蚀出凹槽；随着凹槽愈溶愈深，中间突出部分愈发尖削高大；随着裂隙加深加宽，分离出石峰、石柱；当锐化的石峰、石柱组合在一起，就形成了石林。

我国喀斯特地貌的分布面积达 344 万平方千米，其中大半分布在南方，尤其是西南地区，是世界上最大的喀斯特地区之一，也是中国石林分布最为密集的地区。不过，石林数量虽多，但整体面积却只占喀斯特面积的极微小的部分，普通的石林多为数平方千米。与“家族”中深不可测的地下洞穴、一望无际的峰林峰丛或令人惊叹不已的天坑相比，石林显得小巧玲珑，特别是与“兄长”峰林峰丛对照起来，更是小人国和巨人世界的差异。

虽然石林与峰林峰丛体量差异巨大，但在“长相”上石林却与峰林峰丛最为相似。这是因为它们都是喀斯特地带演变和发育的产物。喀斯特地带的“毛坯”——岩层，好比是母亲的子宫，但究竟能孕育出怎样的孩子，和许多因素有关。首先，要看这个地区的构造条件。节理是大地的骨骼和经络，是控制地貌的重要因素之一。笼统地说，峰林峰丛和石林都是由水沿着节理裂隙，将大块的碳酸盐岩切割分离而形成的。一般情况下， 较大的节理系统更容易催生峰林峰丛，而形成石林地貌的节理则相对要小得多。其次，岩性的因素也不能忽视。如果碳酸盐类岩石含有杂质或夹层，当遭受溶蚀时，整体的稳固性较差，就容易残留为石芽或石林，而质地较纯、岩层较厚的石灰岩，就较易形成壮观的峰林峰丛。最后，这二者的出现也与喀斯特地貌的发育阶段有一定的关系。在碳酸盐类岩石被溶蚀的早期，可能会先在表面发育起伏较小的石芽或石林；天长日久，溶蚀作用便会沿着岩层中一些主要节理裂隙加速发展，使整块岩层逐渐被切割成底座相连或彼此分离的石峰群，即峰丛和峰林。

石芽与石林代表了不同的溶蚀阶段，岩石先是在地下被水溶蚀分割，岩缝中的土壤被水冲走，露出了石芽；而当石芽不断增高，就变成了石林。岩石被水溶蚀分割得越深，石芽与岩石主体的高差就越大，如果它是“独生子”，长得平庸一点的，那它通常被叫作“石柱”；长在某些景观视角地带的，很大概率会拥有“望夫石”“美女照镜”“秀才看榜”一类的名字。如果它有很多“兄弟”分布在四周，那它们就会被称作“石林”。

广西的石芽和石林，虽然生成的地质年代很早，但

石芽

石林

大多数都被掩埋在土中，直到近千年前农业和采矿业发展起来后，它们才被陆续“挖掘”出来。

在中国神话故事里，常有一群会变成石头的牛羊，或者是一块能变成牛羊的石头。没有见过这种场景的人大概会觉得，这不过是古人丰富的想象力罢了。但如果你到广西旅行，很大概率会看见神话故事里的场景，它们时不时就会出现在山脚下、河畔上或田野里。

广西的石林资源丰富，是我国地下埋藏溶蚀型石林发育最好的省（区）之一，石林类型多样且优质。目前，广西被列入石林景观的有六个，分别是贺州玉石林、崇左石林、鹿寨响水石林、全州白宝石林、灌阳文市石林和宜州水上石林。石林按形态分可分为柱状、剑状、锥状、塔状和不规则状等；按颜色或者说是按照其质地分可分为灰石林、白石林、红石林和玉石林等；按出露地点分可分为陆地石林和水上石林。广西的大部分石林是陆地石林，宜州水上石林是灰石林，也是我国面积最大的水

上石林；贺州玉石林是国内外都罕见的玉石林，而崇左石林、鹿寨响水石林、全州白宝石林和灌阳文市石林都是灰石林。其中，贺州玉石林和鹿寨响水石林的出现都是采矿所致。

贺州玉石林

贺州玉石林位于广西贺州市平桂区黄田镇清面村，

贺州玉石林

姑婆山南麓，是一片国内罕见的大理岩石林，也叫“玉石林”。它形成和发育于 1 亿多年前，由于燕山期地质的断裂隆升和长期的岩溶渗蚀及局部受高温影响，花岗岩入侵灰岩的地层，变质形成大理岩。自宋代以来，1000 多年的锡矿开采使区域内地层峰丛间的石芽裸露出来。该石林奇峰突兀，石芽、石柱、溶槽、漏斗、暗井密布，构成了千姿百态、形态各异的神奇景观。

贺州玉石林

鹿寨响水石林

响水石林位于广西柳州市鹿寨县中渡镇，是鹿寨香桥岩溶国家地质公园的重要组成部分。在地质公园内分布有两处石林，一处位于中渡镇北 4 千米，下未地下河出口处一带的山坡上；另一处位于中渡镇西 1.2 千米，六末村西北方向的山坡上，这两处石林经人工挖掘淋滤型铁矿后裸露地表。响水石林由距今约 3.7 亿年的上泥盆统融县组厚层灰岩构成。这里石峰密集，高 15 ～ 20 米，惊险壮观，塔状石柱峰尖如剑戟，其他石柱造型多样，有如大佛，又有似观音、仙鹤等，属广西罕见。石柱之间，

鹿寨响水石林

游道宽窄不一，曲折回环，人们走入其中如进龙门阵，难以出林。

鹿寨响水石林所在的中渡镇，距柳州市 72 千米，距桂林市 229 千米，是著名的桂柳运河南段洛清江支流洛江上的古埠古镇。洛清江航道自唐代起，就发挥着沟通广西西部、连通贵州和云南的作用。这条航道是古代中原王朝重要金属的漕运要道，航道的中点是桂林府，那是当时国家重要的铸币点。

造成云贵高原隆起的板块运动，在这片喀斯特岩层组成的阶梯中，形成了丰富的金属矿藏。浅层地表散落着铁矿石，这种在人类冶炼金属的早期就已出现的矿石，一直是地方政府和百姓眼中的宝贵资源。

铁矿石存在于石芽裸露的山坡上松散的红土当中，人们用锄头和筛子便可以轻易获取，和挖红薯没什么区别。人们在石芽中不断地挖掘、采集，越挖越深，便发现这里的石头全是“竖”着长的，像七八米高的巨大竹笋，和剑锋一样有着光滑的表面。当地表矿石被采集殆尽时，山坡上剩下一片壮观的石林，成为另一种固定资产——景观。

石林的出现，虽是借助人力之手，但石林的形成，却是得益于自然之力。裸露在地表的石林，依靠水蚀和风蚀作用形成。埋在地下的岩层，虽躲过了风蚀作用，却躲不掉水的改造。地表流水和降雨，穿透覆盖在岩石上的酸性红土，在漫长的岁月里，一直悄悄地改变着岩石的形态。

广西大部分的石林景观诞生于泥土之下。

在石灰岩基底的河谷周边或在土壤厚积的缓坡地上，雨水渗入土壤后，溶解了土壤中的有机酸，变成对石灰岩具有腐蚀性的酸性水。酸性水顺着土壤和岩石的界面向低处的河床流动并侵蚀岩石。

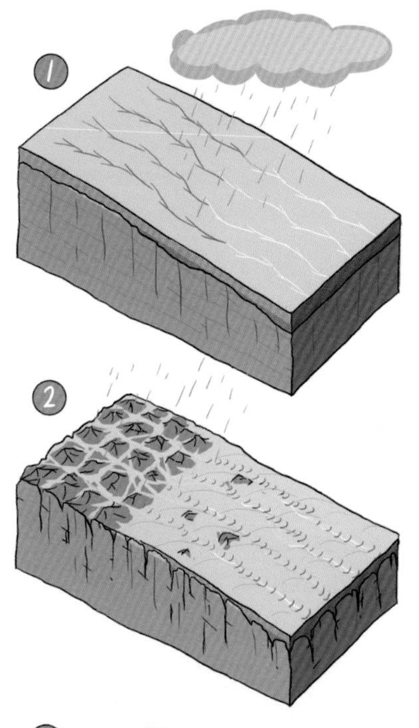

出露地表的岩石被侵蚀后，呈现为低矮的石芽。径流明显的地方则溶蚀成沟渠状，称为“溶沟”，溶沟进一步加深则称为“溶槽”。

流水经过的区域恰好具有大量节理缝隙（由地质挤压产生），流水便顺着缝隙侵蚀岩石。

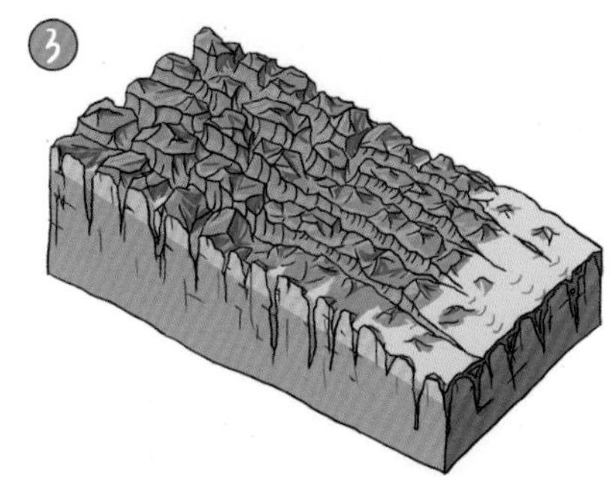

在两组不同方向的节理共同发育的情况下，侵蚀特别强烈的区域会在土壤中生成特别深的沟槽阵列。

随着河床不断下切，地下水位线不断降低，沟槽中覆盖的土壤逐渐被带入河中冲走，残余的柱状石灰岩便暴露在空气中，成为形态万千的石林景观。

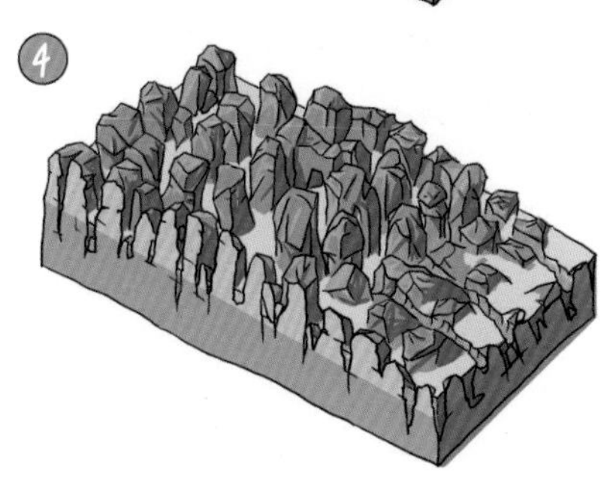

石芽 / 溶沟 / 溶槽 / 石林演化示意图（田稚珩　绘制）

喀斯特与水的完美结合

喀斯特地貌是地球上最令人着迷的地貌之一，它与水相结合创造出了一系列令人惊叹的景观。河流穿越喀斯特地区时，被峰丛和峰林所环绕，形成幽深陡峭的峡谷或宜人静谧的山水田园，勾勒出一幅幅流动的画卷。岩溶湖的湖水纯净翠绿，平静温柔，仿佛一块无瑕的翡翠，又像一面镶嵌在大地上的镜子。瀑布的水流澎湃激昂，咆哮着从山上猛然扑下，发出惊人的轰鸣声，宛如万马奔腾。飞瀑中喷溅的小水珠细如烟尘，弥漫在空气中，给山涧林木披上一层轻纱。喀斯特地区的峡谷深邃而陡峭，壁立千仞，好似造物主将大地撕开了一道裂缝。大自然的鬼斧神工创造了这些令人心驰神往的景观。

风景河段：流淌的画卷

风景河段，是指以地表河流为主线，与两岸的峡谷、绝壁、峰丛、峰林、象形山、瀑布、森林、农田、盆地、平原、村庄、城镇等景观组合而成的景观综合体。

按两岸景物特征及河谷深度，风景河段可分为山地型风景河段（又称“山岳峡谷”，两岸峡谷深切，深度多在 200 米以上）和盆地型风景河段（两岸宽广，为平原、盆地，小部分呈 U 形，深度多在 200 米以下，多分布于峰丛、峰林盆地或平原区）两大类。

这些风景河段，有的峡谷深切，有的水流湍急，景物明显变化，它们以谷底的河流为流动路线或观景平台。不同的河段具有不同的景物，两岸的峰丛、峰林、象形山、瀑布、森林、农田、盆地、平原、村庄、城镇等分布陈列。

河段两岸的景物，各自表现出明显的独特性，形成一幅幅风格迥异的岩溶山水画，比如桂林漓江，水面宽阔、碧波荡漾，穿城而过，形成繁华、和谐的岩溶山水城市风光；百里柳江，江水清澈，两岸或稻浪滚滚，或油菜花烂漫盛开，时而炊烟袅袅，时而高峰耸立，组合成一幅幅静雅的岩溶田园风光图；红水河、左江、大新明仕河、巴马盘阳河等，有的雄、险、奇、秀，有的美、秀、幽、静，具有较高的观赏价值、美学价值和科考价值。

岩溶区最漂亮的景观是风景河段，这也是岩溶地区最明显的共性。岩溶山水旅游是我国较早开展的旅游形式之一。广西的峡谷、洞穴的岩壁上还保存着众多前人的墨笔题字，以及有关岩溶山水的诗词和游记，其中以明代《徐霞客游记》中对岩溶山水的记载最为详细和著名。

中国人有句老话："有水无山不入画，有山无水不入神。"中国古人对山和水的组合，早就有一套系统的理论，如在中国画体系里，山水画也是独立的派系。

漓江风光（陈镜宇　摄）

桂林漓江杨堤段

桂林漓江

清澈见底的江面上，偶尔划过几只竹筏，船夫用长竿轻轻地撑向河底，仿佛在一幅青绿的山水画中穿行。平静的河流像一个镜面，倒映出岸上的峰林和峰丛景观。清代袁枚从杭州到桂林旅行，坐船进入漓江的时候，他看见了这样的镜面景观，随后写下诗句：“分明看见青山顶，船在青山顶上行。”

从桂林市雁山区竹江码头至阳朔县兴坪镇，这段长约 36 千米的风景河段，是游览漓江的精华河段。这段典型

的盆地型风景河段，两岸宽广，平原、盆地相连，还有部分深度在 200 米左右的 U 形峡谷分布于峰丛区。

漓江的河道很浅，在枯水期航道的深度不过 1 米，河底圆滑的鹅卵石下面是岩石河床。漓江流域石多土少，大溶江至桂林这段区域属岩溶峰林平原，上游河床比降为 0.94‰，即每千米河道海拔降低 0.94 米。市区段河床平均比降为 0.44‰，江面水流速舒缓，动能不足，所以漓江水的含沙量主要来自上游河段，流至桂林市时已开始进行沉淀，因此漓江水质能常年保持一类水标准。

漓江虽然不深，但河床却很宽，宽度为 125 ～ 585

桂林漓江僧尼山（王梦祥　摄）

米。河床、航道、河滩，虽然都在河里，说的却是不同的位置。河床指河流两岸之间容水的部分，也叫河槽、河身。航道是河流中船舶航行的通道，通常水位较深。河滩是河边水深时淹没、水浅时露出的地方。

漓江阳朔段的两岸是世界上最典型的岩溶峰林地貌，也是世界级的风景河段。从近阳朔县境的潜经村开

始，漓江进入峡谷地段，蜿蜒于丛山之中，河谷深切约400米。在阳朔县境内，漓江河段有河滩38个、河漫滩29个。

漓江地势北高南低，两岸石峰拔地而起、高耸陡峭，水走景迁。奇峰沿岸层出，渔村藏于林后，构成了山水和人文交相辉映的岩溶山水景观。唐代诗人韩愈形容这

漓江倒影（王梦祥 摄）

里是“江作青罗带，山如碧玉簪”，江水像飘带一样轻柔逦迤，山峰就像女子头上戴的玉簪子，晶莹剔透，小巧玲珑。

春天绿意迷蒙，夏天山清水秀，秋天枫黄明亮，冬天清辉淡雅，构成了岩溶地区独特的田园风光和色彩。从漓江上升腾起来的水雾和山岚，随着季节、阴晴、晨昏、昼夜的变化，在山峰之间漂移，有时像纱，有时如缕，有时似带。

晴天的漓江，两岸青山遮不住，一江碧波萦绕于群峰之间，千峰倒影，翠竹垂江，似一幅锦绣画卷。雨天的漓江，烟雨笼罩，春雨如丝，夏雨滂沱，秋雨纷飞，冬雨寒沁。漓江两岸山色空蒙，雨雾缥缈升腾于碧水青山之间，这便是最动人的烟雨漓江。

秋冬时节，水落石出，此时是欣赏石壁石景的最佳时机。此时的漓江峡谷终于从江水中露出了它的峰丛底座，那些被流水侵蚀的凹槽也露出了真容，像浪石、鲤鱼挂壁和半边奇渡这样的景观，便可一窥全貌。

夜幕降临，沿江而居的渔民点亮渔火，撑出自家的竹筏。几只长嘴的鸬鹚站在竹筏上，它们要去往一处处“鱼窝”。漓江河道旁险峻的山崖下分布着一些深邃的水潭，山越高，潭越深。这些水潭在丰水期和洪水季起到沉沙的作用，潭底因此留下很多沉积物，这些沉积物吸引鱼群在此聚集，于是这里成了渔民喜欢的“鱼窝”。

漓江上的捕鱼人

百里柳江

柳江发源于贵州独山，在柳州市区内的河段长 70 千米。今天的柳江，经过相关部门设计和规划后，将自然景观和城市景观叠加，已经成为一幅融合了自然与时尚的画卷，位于市区内的中游河段更有“百里柳江，百里画廊”的美誉。

此河段蜿蜒曲折，自西向东，穿城而过，环抱柳江北岸的市区，使之成为三面临水的半岛。在古代，柳州这样的环江之地被叫作“壶”，柳州因此有“壶城”的别号。

唐代文学家柳宗元曾用“江流曲似九回肠”来形容柳江，那是他带着满腹愁肠，从桂林经洛清江前往柳州

赴任时的亲身体验和感受。当时柳州人烟稀少，道路荒废，城垣凋敝，让柳宗元深感悲凉。

今天的百里柳江，水势平缓，峰林平原和峰丛谷地已成为城市的点缀，沿岸阶地上现代建筑各领风骚，丘陵之间荷塘稻田密布。人口稠密的柳州已是广西第二大繁华都市，柳江也成为工业城市中优美风景的典范。

柳江风光

柳江同时兼具山地型风景河段和盆地型风景河段的特征，游客可以乘船泛舟，或沿江漫步，尽情饱览两岸分立的峰林，沿江变幻的景色。随着柳州市城市水景建设的完善，江北岸建起世界最大的人工瀑布，加上这些年柳州市春季羊蹄甲花海的爆红，整个城市花团锦簇，百里柳江是一次又一次出圈。

看柳江，最佳的观景台在马鞍山顶上。由于景色壮丽，历代游山看江之风皆盛行，山间石壁上遍布摩崖石刻，因此马鞍山又被称为柳州的“文化山”。古人登山，须从山脚沿石阶拾级而上，大约耗时 20 分钟可达山顶。现在马鞍山山体内安装了竖井式电梯，只需 48 秒即可到顶。在山顶上俯瞰全城，柳州如同天然盆景般呈现眼前。

柳州的山峰，星罗棋布，古八景中有“南潭鱼跃”“灯台返照”“龙壁回澜”，这些名字都起得很有文采，还有一些如“龙须崖”“凤凰嘴”“叠书岩”“牛蹄岩”等直白的名字，让人如见其形。古时看景似乎都取其形胜，似人或似物，像什么，名便是什么。

柳州的岩溶山主要集中在柳江南岸，北岸是一个冲积平台。柳江南岸坚硬的石壁无法阻拦柳江水对它的袭夺，随着时间的推移，石岸将逐渐后退。

袭夺，是河流拐弯时，河道外缘的流速大于内缘，对河道外缘产生侵蚀，对内缘产生堆积的现象。假以时日，柳江终会把江南的石岸摧毁，鱼峰山等一众石峰，终将变成如北岸一般一马平川。

当年，柳宗元还在南岸发现一种色泽黝黑、手感细腻柔和的石材。他在《柳州山水近治可游者记》中写道：“浔水因是北而东，尽大壁下。其壁曰龙壁，其下多秀石，可砚。”柳宗元亲自采选取了一块石头，为好朋友刘禹锡做了一方砚台。

收到砚台的刘禹锡随即回复了一首《谢柳子厚寄叠石砚》。患难相交的两人，就这样在仕途的寒冬中，彼此相互牵挂、相互鼓励。柳宗元当年选用龙壁山叠书石制作的砚台，被后人称为“柳砚”，这也是1200年前，柳宗元对柳州岩溶的一次文化输出。

红水河

红水河是西江水系的一段主要干流，长659千米。河的上游为南盘江，发源于云南省东部曲靖市沾益区马雄山，与北盘江于桂黔边界汇合后始称“红水河”，然后依次流经乐业、天峨、南丹、东兰、大化、都安、马山、忻城、兴宾等县（区）的岩溶山地，至象州县石龙镇三江口为止；与柳江汇合后的河段，称“黔江”。在广西境内，红水河流经的区域绝大多数为岩溶区。河水从高原向盆地俯冲的力量，在两岸塑造了高峰丛和低洼地的地景，加上峡谷的深切，让峰丛的底座更加高峻，石壁陡立，滩多水急。其中，天峨段、大化段、都安段、兴宾段都是非常典型的山地型风景河段。

红水河令人印象最深的是它的峡谷。大江大河我们国家有很多，红水河并不算突出的。在这些江河的峡谷中，有很大的三峡，有很高的虎跳峡，有很直的北盘江大峡谷，还有很美的马岭河峡谷，以及很多各具特色的峡谷，但红水河峡谷在人们的印象中是最“硬”的！

红水河从山地上流过，在纯净的灰岩地层上切出属于它的通道，开辟出一个个由完整石壁构成的垂直峡谷。如果用欣赏奇石的词汇描述它就是：无棉无裂，纹理天成！红水河流域内有广西最大、最深的峡谷。深切的河谷里，裸露的岩层像一本地质画册，记载着地质变迁的历史。

科学研究发现，广西的岩溶层有数千米厚。当桂西的山地被云贵高原越拉越高的时候，红水河也积蓄更多的势能，到黔江一段，年径流量达 1300 亿立方米，且从上游南盘江的天生桥至黔江大藤峡，存在 760 米的落

红水河（王梦祥 摄）

差，平均每千米河段就有 1 米多落差。在桂西山地的峡谷中，每千米河段的最大落差竟高达 50 米，相当于每 20 米河段就有 1 米的高差，真是肉眼可见的坡度！

动能十足的红水河，在经济学家眼里是一条绿色能源之河。峡谷两岸高耸的峰丛，在水利专家眼中就是天然的水库围堤。于是在红水河峡谷中，自 1986 年建成第一座大化水电站后，又陆续建设了十多座大型水电站。

其中，在大化水电站上游的天峨县，矗立着一座拥有三项“世界第一”的龙滩水电站！那里有世界最大的水电站地下厂房——龙滩水电站主厂房藏于山腹中。厂房的设计灵感源于广西山多洞多，人们自古就有利用山洞的习俗。

磅礴的河水，下坡势能越来越大，于是它们在这片深厚的岩溶大地上，侵蚀出数百米深的峡谷。同时，激越的河水也拍碎了河道中的岩石，去软存坚，打磨出了著名的红水河奇石。

很明显，红水河沿岸的山峰，和漓江、柳江沿岸的山峰大相径庭。漓江和柳江沿岸的山峰更多的是孤立的峰林，加上部分低底座的峰丛，高度为 100 ～ 300 米。而红水河沿岸都是高峰丛和深洼地，山峰的底座距河面还有数百米的高差，这是地壳抬升速度大于可溶性岩石被侵蚀的速度造成的。

水量越大，侵蚀越强。人们在欣赏峡谷的时候，不仅可以看见现在的河道，也可以看见曾经的河道，那就是峡谷，峡谷有多宽，河道就曾经有多宽。

河流对峡谷的侵蚀作用远大于周边依靠地表降雨和风蚀的作用。当河流的流量减小或河床下沉，河道切割的面积会萎缩和下降，河道两岸的台地也就随之出现了。

可惜的是，当各水电站落成后，上游各河段的峡谷已相继被淹没，要看峡谷，只能到红水河下游了。从河池的合山市到来宾的象州县，是红水河下游，其中的忻

红水河第一湾（王梦祥 摄）

城河段是欣赏红水河峡谷的最佳河段。

来到桂中盆地平原地带的红水河，像被束上笼头的野马，被收拢在一条如同人工建造的水渠里，河水缓缓地在峡谷底部流淌，波澜不惊。

岩溶湖：镶嵌在大地上的镜子

岩溶湖是广西各岩溶区常见的景观之一，形成和发育于不同的地质地理环境。岩溶湖有的以地下水为其主要补给源（如柳州大龙潭），有的以大气降水为其主要补给源（如兴宾三利湖），有的同时以地下水和大气降水为其主要补给源（如上林大龙湖）。它们零散分布于各岩溶区内，发育于不同地质年代、不同岩性特征的碳酸盐岩地层中，绝大多数位于岩溶洼（谷）地。

广西的岩溶湖与周边云贵高原地区的相比，规模总体较小，但是它们数量众多，类型齐全，其中有中国十大岩溶水库之一的上林大龙湖、中国典型的天然泉湖武鸣灵水湖、中国典型的季节性岩溶天然湖泊隆安更望湖等。因此，广西是亚热带岩溶湖的典型分布区，是进行中国和全球岩溶湖，尤其是岩溶天然湖泊对比、研究不可多得的经典地区；同时，部分岩溶湖具有较高的观赏性和美学价值。

广西典型的岩溶湖有柳州大龙潭、上林大龙湖、武鸣灵水湖、靖西鹅泉潭等。

柳州大龙潭

柳州，是一个被工业光环掩盖的山水城市。说到江山如画，今天的柳州可以媲美任何一座城市。但凡提到柳州，有三样是必须说的：柳宗元、柳微汽车和柳州螺蛳粉。没有柳宗元的柳州是不完整的，柳宗元与柳州大龙潭就有一个流传甚广且有趣的故事。

柳州大龙潭是一个岩溶湖。岩溶湖，顾名思义，特指形成和发育于岩溶区的湖泊。唐元和十年（815 年）七月十六日，柳宗元刚到柳州不足 20 天。当时柳州大旱已久，按惯例，地方官当率众前往雷塘进行祭神求雨。柳宗元为此亲自撰写了祭文《雷塘祷雨文》。如果神仙和地方官一样，也都各有职守，那么这篇祭文无疑是一篇问政书。

祭文用白话来说就是：“您（雷神）以风为马，以云为车，巡回降雨，让土地有所产出，不让灾难发生……您以往的灵验，让人们愿意供奉您。如果您不回应，百姓们又仰仗谁呢？今年旱得草都枯死了，到处都受灾……生灵万物，全赖上天的给予而生存，您若失职，则会让祭祀的器具被遗弃在荒草里！您赶快刮风、打雷、下雨，您若办成这件事，一定答谢您！”

柳宗元通过讲道理、比轻重，警告雷神，要尽忠职守，不然别想得到百姓的尊重！如同很多地方求雨时，把各种神像放到太阳下暴晒、游街和鞭打一样，神仙懈怠了，也是要给他一点教训的。

夕阳下的柳州大龙潭（林新志　摄）

柳宗元成功了，雷神归位，很快柳州就下雨了，《雷塘祷雨文》因此成了龙潭公园最响亮的招牌。1000 多年来，雷塘祷雨应验了不止十次八次。雷塘真的住着雷神吗？其实不然。雷雨的形成，需要水汽的蒸发和空气的强对流运动引发降水，当带有不同电荷的云层相互接近时，二者摩擦就会产生雷电现象。

柳州大龙潭（周健 摄）

柳州大龙潭由一湖二潭组成，即镜湖、龙潭、雷潭。镜湖周围，还有二十四座山峰环立，把大龙潭周边的居民区高楼分隔开来，形成一个封闭幽静的山谷。雷山和龙山紧紧相峙，雷山绝壁之下有一股清泉，水从溶隙中涌出，先在两山间汇成龙潭，再经地下岩隙流入咫尺相隔的雷潭。龙潭和雷潭地处多组裂隙交汇处发育区，都是地下河出水点，四季不涸，水量较稳定，季节性变化不明显。

龙潭就是唐代的雷塘，具体什么时候，为什么变成龙潭也说不清。自古以来，柳州的百姓就发现此地常有雷雨。每到隆冬时节，常见到两潭水汽蒸腾，烟雾缭绕的景象。慢慢地，民间便传说有雷、龙二神居于此，故称此地为“龙雷胜境”。因有《雷塘祷雨文》传世，现建有祷雨文碑亭祭台、雷塘庙等纪念性建筑。

若不是受到大龙潭公园介绍上“群山环抱、自成屏障”的启发，雷雨偏爱龙潭的原因并不容易被发现。大龙潭公园群山高耸，基座相连，如游龙自成一脉，首尾成环。山谷中的大小湖泊的水皆是来无影、去无踪的地下水。进水口是龙潭，泄水口在镜湖畔的莲花山脚，水从这里再次潜流进入地下。

柳州市区内地势开阔，喀斯特峰林、孤峰散布四处。柳江穿城，风水流动，全无阻碍。白天，四周如桶壁的石灰石山峰，在阳光的照射下，升温很快。山谷中宽阔水面的蒸发面积较大，能形成强烈的上升气流。当水蒸气上升到一定的高度，与周边的暖气流发生碰撞，就容易形成雷雨云，在炎热的午后产生对流雨。大龙潭这样的地形，和世界上著名的雷区都有着相似的条件，难怪大龙潭会成为雷神的“驻地”。

上林大龙湖

大龙湖地处广西上林县西燕镇大龙洞村周边的峰丛谷地间，大龙洞地下河出口位于湖底。它是人工建坝拦蓄地下水而形成的岩溶水库，建于 1958 年，呈长条形，

长约 17 千米，是目前中国典型的岩溶水库之一。

大龙湖湖面宽广，湖水清澈，四周高山翠色环抱，沿岸芭蕉、绿树成林，飞鸟穿梭其中；蓝天、青山、岛屿、绿树、人、村寨倒映于湖中，所有景致融为一体，宛若一幅泼墨山水画卷，景色优雅，美妙动人，有“水上桂林”“中国的下龙湾”的美誉，是休憩、度假、漫步、垂钓、娱乐身心的好地方，也是广西有名的湖泊旅游目的地之一。

上林大龙湖（卢伊琳 摄）

上林大龙湖风光（蒙森　摄）

瀑布：大地给了它一个台阶

瀑布，是指从河床纵断面陡坡或悬崖处倾泻下来的水流。瀑布出现的一个最常见的原因便是岩石类型的差异。河流跨越不同的岩层边界时，如果是从坚硬的岩石河床流向比较柔软的岩石河床，较软的岩石河床很可能

德天瀑布（陈镜宇 摄）

被侵蚀得更快，并且两种岩石类型相接处的坡度变得更陡。当河流改变方向并露出不同的岩石河床的相接处时，便会形成瀑布。

瀑布是河流发育过程中的一个暂时现象。瀑布对下方跌水潭底部不断冲击，造成跌水潭侵蚀，最终导致陡崖坡面的坍塌和瀑布的后退。瀑布越往上游接近，水的流量和速度会逐渐降低，使得瀑布的高度也不断降低，最终它会消失在上游某处。根据河道断裂高度的不同，从小到大，瀑布有不同的名称。河流局部坡度增大时，水面相应出现跌水，因急流产生的白色浪花又被称作“白水”。在户外运动中有一种“白水漂流”，就是指在跌

水不断的激流河段进行的漂流活动。白水河道的落差通常在数十厘米到数米，比白水河道落差更大的河道坡度就是瀑布了。

在我国古代，对于各种从高处落下的水流，有很多富有诗意的名称。比如，“瀑水”，这无疑是一种很大的水，就像大新德天瀑布；“立泉”，是指从岩壁中喷涌出来的瀑布，如靖西古龙山瀑布；将快断流的瀑布那接连不断的水珠称作“珠帘”，钦州烟霞山上就有这种“珠帘”；将又高又细的瀑布称作“悬布”，冬季的通灵大峡谷瀑布就有“悬布”的意境；还有一种叫“垂水”，它入水无声的状态就像桂林古东瀑布顺势而下的样子。广西典型的瀑布还有靖西古劳瀑布、鹿寨响水瀑布、荔浦天河瀑布等。

德天瀑布

崇左大新与百色靖西，是广西瀑布最集中、最壮观的两个地区，聚集了大大小小很多瀑布景观。德天瀑布，是亚洲第一、世界第四大的跨国瀑布，位于广西崇左市大新县硕龙镇德天村与越南交界的边境线上，是我国与越南两国界河——归春河上的瀑布。

说到归春河，免不了要先从它的源头说起。归春河上游，发源于广西靖西市旧州的鹅泉。“归春”是“归顺”的音转，因靖西古为归顺州，故名。鹅泉，自它涌出地表，就透露着一股脱俗不群的气质。归春河流域的集雨面积约为 2200 平方千米，其中，在越南境内集雨面积只有 505 平方千米，大部分集雨面积还是在中国。

归春河静静地流向越南，又绕回广西，最终在硕龙这个边陲小镇将积蓄了许久的力量在瞬间爆发出来。浩浩荡荡的河水从北面奔涌而来，被高崖三叠的浦汤岛横阻后，从山崖上跌宕而下，撞击在坚石上，水花四溅，水雾迷蒙。远望时，宛如白绢垂挂天际；近观时，如珍珠飞溅。透过阳光的折射，水花呈现出斑斓的色彩。那哗哗的水声震荡在河谷中，气势磅礴。瀑布分三级跌落，最大宽度超过 200 米，纵深超过 60 米，落差超过 70 米。多年平均流量约为每秒 50 立方米，年均水流量约为贵州黄果树瀑布的 3 倍。德天瀑布与越南的板约瀑布连为一体，就像一对亲密的姐妹。

德天瀑布位于峰林谷地的河道上，游人可以步行或乘坐竹筏靠近瀑布，通过所有感官来感受瀑布的壮丽。可以观赏其形态，聆听其声音，呼吸其充满高浓度负氧离子的空气，用身体感受水雾的滋润和清新。瀑布景区的景色会随着季节的变化而不同：春季，两岸的木棉花红似火，点缀在瀑布周围，绿色的梯田与之相映生辉；夏季，河水涨满，急流如排山倒海般奔腾而下，发出雷鸣般的声音，水雾弥漫；秋季，碧水清流，梯田金黄一片，水雾中夹杂着稻谷的香气，让人陶醉其中；冬季，瀑布更加纤细优美，多束水流悠然飞落。瀑布顶部有一个名为浦汤岛的岛屿，面积约为 1 公顷。岛上绿树成荫，河水从岛的两侧潺潺流淌，最终跌下陡峭的断崖。

德天瀑布是岩溶地貌中的大型瀑布，它所处位置的地层是厚层白云岩，是比较坚硬的岩层。但岩层中夹杂着粉砂岩层和页岩岩层，它们存在的位置，就是瀑布跌水分层的地方。最初也许只是河道上的一处裂点，被流

德天瀑布——归春河上的跨国大瀑布（梁集祥　摄）

水侵蚀后，裂隙扩大，因为河道基岩上下层的岩性差异，跌水击穿了相对脆弱的下层粉砂岩层和页岩岩层，不断地侵蚀掏空了中间层，上层相对坚硬的白云岩失去支撑而崩塌，瀑布就向后（上游）退去，形成了现在拥有多级跌水的瀑布。

通灵大峡谷瀑布

通灵大峡谷瀑布地处广西靖西市湖润镇新灵村的通灵大峡谷内，位于那弄河末端，距闻名于世的跨国瀑布——大新德天瀑布 30 多千米。

通灵大峡谷瀑布既是悬空型瀑布，又是垂直型瀑布，丰水期，瀑布水面宽度约 30 米，高达 168 米，由上至下仅有一级，是我国岩溶区单级落差最大的瀑布（远大于贵州黄果树瀑布的 77.8 米）。其底部为一个深 2 ～ 4 米、宽数十米的深潭，瀑布水及谷底的河水均汇聚于此潭，后通过念八河再次转入地下。从瀑布底部往上看，巨大的水柱从天而降，横空出世，给人一种“飞流直下三千尺”般的震撼。

通灵大峡谷瀑布的水量受控于陡崖上部的那弄河，水量季节性变化十分明显，造就了其可遇不可求、变化多端的飞瀑奇景：平水时，瀑布起伏蜿蜒而下，轻柔飘洒，似万丈素练凌空；丰水时，瀑布飞流直下，水声轰鸣，让人激情澎湃，同时洒下漫天珠雨，在阳光的照射下，飞扬的水珠中突然升起一道彩虹，五彩斑斓，并随阳光的变化而时隐时现，时大时小。

通灵大峡谷瀑布（吴庆业　摄）

鸟瞰通灵大峡谷瀑布（谭韦港　摄）

峡谷：撕开的地缝

峡谷指由峭壁包围，且深度大于宽度、谷坡陡峻的谷地，是一种常见的自然景观；一般由河流长时间侵蚀而形成，多发育于构造运动抬升或谷坡由坚硬岩石组成的区域。峡谷有多种分类方式，其中，按岩性特征可分为岩溶峡谷和非可溶岩峡谷（指发育于非可溶岩区域的峡谷，包含花岗岩峡谷、火山岩峡谷、砂岩峡谷、丹霞峡谷、页岩峡谷等）两大类，二者最大的区别在于：前者可形成和发育于地表或地下；后者仅形成和发育于地表。

在岩溶区，以新构造抬升和水流强烈的侵蚀、溶蚀及崩塌作用为主共同形成的谷坡陡峻、深度大于宽度的谷地泛称为“岩溶峡谷”。它是由岩溶峡谷地形及与其共存的山峰、水体、岩石、生物、农田、村庄、城镇等构成的岩溶地域综合体。在碳酸盐岩分布区，由于断裂、裂隙和节理是水流集中、侵蚀力强且溶蚀作用加速进行的部位，所以极易形成峡谷。

广西典型的岩溶峡谷有近百处，如靖西通灵大峡谷、靖西古龙山大峡谷、红水河峡谷等，主要沿西江水系，如红水河及其支流、漓江及其支流等呈线状分布，并与谷底河流及峡谷两侧的峰丛、峰林、象形山、瀑布、森林、农田、盆地、平原、村庄、城镇等景观融为一体，组合成一幅幅意境幽美、风格迥异的岩溶景观画卷。

通灵大峡谷

通灵大峡谷位于广西百色市靖西市境内，全长约 4 千米，这里汇聚了世界罕见的特高瀑布、洞中瀑布、地下河、峡谷溪流、洞穴、古悬棺葬、原始植被等丰富的自然景观和人文景观。飞流直下的瀑布、险峻幽深的峡谷、清澈蜿蜒的溪流、奇特的洞中瀑布以及翠绿的植被，丰富了峡谷的景观，展示了峡谷灵动飘逸、充满生机的特色。近年来，通灵大峡谷以其雄、奇、险、峻的独特景色吸引了许多中外游客。

在峡谷中沿着台阶下行，穿过垂直的岩洞和轻灵的小瀑布，走过两旁长满珍稀植物的小道，10 多分钟即可到达谷底。一条地下河从山底的洞穴里流出，穿过峡谷

通灵大峡谷

的底部，一路流向峡谷尽头的大瀑布下。是的，一条来自地下的河，带人们去与一条来自天上的河汇合。

沿着河水流淌的方向前行，经过野蕉林、痒痒树和蓝靛草坡，远远看见高达 168 米的通灵瀑布直下峭壁，与带路的小河一起消失在瀑布下方。

目前，已经开发的是大峪谷南端一个长条形封闭的峡谷，长约 1000 米，深 300 米，狭长而深邃，只有朝向天空那一面开放。在高处俯瞰，极像一条被巨型洛阳

通灵大峡谷

铲打出的槽，但是很窄。通灵大峡谷漂亮的大瀑布来无影去无踪，水流从 168 米高的地方激越而下，在冲击过山脚的巨石之后，无声地消失在人们的眼前。通灵瀑布在丰水季节宽 30 米，大瀑布跌落的潭面上有一个溶洞，洞内 20 多米的高处还有一条暗河出水跌落。峡谷小溪、通灵瀑布、洞内瀑布，峡谷里的三条水流最终一起消失在深不可测的地下暗河里。

可以说，正是通灵大峡谷中的三条水流，将今天峡谷地带的山体岩石掏空，在它们的共同作用下，岩石被层层拆解，山体顶部逐渐崩塌，最后暗河峡谷的顶盖坍塌，依河道形成了现在的峡谷。至今，通灵大峡谷两边山崖的边缘，还保留着地下暗河峡谷顶盖特有的拱形。

古龙山大峡谷

古龙山大峡谷，位于广西靖西市湖润镇，由古劳峡、新灵峡、古龙峡、新桥峡四个峡谷和迎宾洞、百福洞、古龙洞三个地下暗河溶洞及十多个美如画卷的壮丽瀑布景观组成。峡谷内原始植被丰富，四周分布了众多的绝壁、溪流、奇石，全长 7.8 千米，是国家 AAAA 级景区。四个峡谷之间的河流与三个地下暗河溶洞相连，形成四峡三洞三暗河连通的奇观。

与通灵大峡谷不同，尽管从谷地到山顶的落差很大，但古龙山大峡谷的视野却十分开阔。相距数百米的两个峡谷，通灵大峡谷的两个地下河洞一个堵塞，一个只能步行，而古龙山大峡谷的三个地下河溶洞都可以通舟。

大自然无意的安排让两个峡谷拥有各自独特的韵味。

古龙山的漂流码头在一座石峰的绝壁下，一个无由头的出水口，水流汩汩地流成了河！在河里仰头看，两岸的山直插云霄，峡谷里丛林密布，巨大的野生无花果树结满一树干的紫红色果实。

平静幽深的地下河口，小小浅浅的，黑黝黝的不知通向洞里的何处。进入地下河，就连一些平时胆大的人也发起怵来，胆子小点的，更是被吓得惊叫连连。在初进洞时紧张地大呼小叫后，游客们很快就安静下来。洞里没有安装电灯，在手电筒的照射下，钟乳石显现出天然的颜色，黄、白、青、灰，像一万朵出水的莲花垂头滴露，闪烁着银光，大自然的魔力令人叹服。洞里，除了水滴落河面的滴答声，就是人们的呼吸声。

游览古龙山大峡谷三个由地下暗河相连的溶洞，与三个开放的峡谷，由于洞内漆黑似夜，洞外别有洞天，明暗交替，仿佛经历三天三夜一般，因此被戏称为“三天三夜的旅行”。最难忘的是“第三天”看见的洞外瀑布，呈现在人们眼前的正是壮观的古龙大瀑布。只见瀑布从 118 米高的山顶直奔而下，水花飞溅，细细的小水珠随风飘散。穿过瀑布，再进入第三个洞，叫水帘洞。洞里，还有一注如龙口般的瀑布，一年四季喷涌着，然后流入地下河。

龙山大峡谷（陈镜宇　摄）

『天字号』成员

天坑、天窗和天生桥，这三个喀斯特家族的“天字号”成员，向世人展示了大自然神奇的创造力和无限的想象力。天坑是一种由于地下溶洞坍塌而形成的凹陷地貌。有的天坑深如深渊，有的宽广开阔。站在天坑边缘，你会感到既神秘莫测又气势恢弘。天窗是地下河通往地面的窗口，常常位于峡谷或者山谷之间，仰望如窗。它就像是大地的眼睛，透过它，人们可以窥探到大自然的精妙和绝美。天生桥是地下溶洞顶部坍塌后形成的桥状结构地貌，它们形态各异，有的横跨洞穴，有的连接山峰。站在天生桥下，你会被桥上岩石的奇特形状和洞穴的神秘所吸引。

天坑：通向地心的漏斗

也许很多人并不知道，在世界岩溶名录上，“天坑”这个地貌是由中国人命名的。

首次向世界地质学界创新性地提出“天坑”这个词的，是中国地质科学院岩溶地质研究所杰出的研究员朱学稳教授。他让喀斯特地貌术语中多了一个具有中国特色的名字——天坑。“天坑”（tiankeng）是继“峰林”（fenglin）、“峰丛”（fengcong）之后，第三个由中国人定义并用汉字和汉语拼音命名的喀斯特地貌术语。

早在 2001 年，朱学稳教授就对天坑进行了定义：天坑指发育于连续沉积、厚度巨大的碳酸盐岩地层中，从地下通向地面，四周岩壁峭立，深度与宽度达百米以上，底部与其发育期的地下河相连接的大型坑状负地形。天坑的坑壁虽然十分陡峭，但是峭壁上有小道可以通到坑底。这些天坑底部草木丛生，野花烂漫，倘若站在坑底向上望，会让人有一种“坐井观天”的感觉。

按照天坑的成因，可分为塌陷型天坑和冲蚀型天坑。

塌陷型天坑的形成主要是由于可溶性岩层被地下河不断溶蚀、侵蚀之后，发生突发式或渐进式的崩塌，此后崩塌物在水流的作用下被持续运出，直至整个地下崩塌空间露出地表，形成塌陷型天坑。

跟塌陷型天坑自地下深处向地面发展的模式不同，侵蚀型天坑是由地面的外源水从地表集中垂向冲蚀（侵蚀）与溶蚀形成的。它一般分布在地面极少可溶性岩层出露的非喀斯特区域，因此在坑口的外围基本找不到典型的喀斯特地形。但是侵蚀型天坑有一个显著的特征，就是天坑峭壁上有悬挂的瀑布，或者瀑布水流冲蚀的痕迹。

直观地说，塌陷型天坑所受的作用力来自天坑底部的地下河造成的由下至上的崩塌，冲蚀型天坑所受的作用力来自地表河流对坑壁的冲蚀（侵蚀）作用造成的崩塌。前者是大多数天坑的成因，后者比较罕见。

按照现行的天坑划分标准，深度和口径在 100 ～ 300 米的，属于小型天坑；深度和口径在 300 ～ 500 米的，属于中型天坑；深度和口径都达到 500 米以上的，为大型天坑。

截至 2019 年，全球发现的约 300 个天坑中，有 216 个在中国，占比为 72%。

广西拥有经过科学认定的 88 个不同类型的天坑，分别占全球天坑总数的 29.3% 和中国天坑总数的 40.7%。它们呈点群状密集分布于红水河流域内的岩溶区，均为塌陷型天坑，四周陡崖圈闭，形态典型，规模从小型到超巨型，发育状态从已停止发育至正在发育之中，分别代表着天坑不同的形成环境和过程。

广西拥有多处堪称世界珍品的天坑，如乐业天坑群，27 个天坑发育在 110 平方千米的区域内，是世界天坑分布密度最大的地区。另外，巴马号龙天坑、乐业大石围天坑和巴马交乐天坑的容积分别位列全球第二、第三和第四位；乐业大石围天坑和巴马号龙天坑的深度分别为 613 米和 509 米，分别位列全球第二和第六位。

广西的天坑拥有各种不同的规模和发育状态，并具备雄、奇、险、幽等形象美；同时它们与地下河、瀑布、洞穴、峰丛、复合式峡谷等各类典型的岩溶地貌相伴发育，交相辉映，共同构成广西最具特色的岩溶景观。

广西之所以会拥有如此多的天坑，是因为其天坑发育条件得天独厚。在国内外其他地区，天坑区域的岩层通常是含泥质或硅质甚至碎屑的岩石夹层，以及相对年轻、多孔隙的软弱岩石地层，而广西天坑地区的岩石古老坚实，有厚度达数千米的广泛分布且连续沉积的石灰岩层。加上区域降雨量适中，侵蚀作用小，有利于形成并保留大部分天坑雄伟壮观的陡壁。此外，以外源水为补给的岩溶地下河流域广阔，侵蚀和溶蚀力强，有利于发育成强劲的地下河。有了以上得天独厚的条件，大量的天坑齐聚在广西也就不足为奇了。

天坑在被发现之前，其实一直在那里。后来，当地人发现了它们，并形象地叫它们“石围”，小的叫“小石围”，大的叫“大石围”。如果不是地质学家在荒野中发现和定义它们，并将它们推向世界舞台，它们也许只能默默无闻地存在。

乐业大石围天坑

隐藏在峰林峰丛之中的大石围天坑，是乐业天坑群中最大的天坑。经科研人员考察后认定，这个天坑是因为地下暗河长期冲蚀造成巨大地下空洞后引起地表大面积坍塌而形成的。它的垂直深度达 613 米，南北走向宽 420 米，东西走向宽 600 米。由于天坑四壁和坑底都生长着郁郁葱葱的森林，所以站在坑口几乎望不到底部，遇到烟雾缭绕的时候，整个天坑更像笼罩着一层神秘的面纱。

乐业大石围天坑（张小宁 摄）

覆盖了坑口的大片蕨类是大石围天坑的外衣，季节改变着这件外衣的颜色：夏季绿意盎然，如深潭；冬季则变为深沉但明快的土红色，与近处四季常青的小叶青冈交相辉映。夏季很难见到雾气，冬季到来后，会在坑

乐业大石围天坑航拍图

内外形成明显的温差，雾气才因此形成，并整日压在坑内。雾气弥漫之时，天气通常寒冷而晴朗，明亮的光线正好照在垂直的岩壁上。

落入地心——进入天坑

尽管大多数天坑都隐藏在人迹罕至的大山中，但乐业人的祖先早就凭借他们高超的攀缘技巧，探索过大石围天坑内壁上的中洞。随着单绳技术的出现，人们在户外运动上不断得以突破。利用单绳技术，人们不仅可以下到更深的地底下，还能攀登更高的山峰，单绳技术也因此成为登山攀爬、洞穴探险必须掌握的技术。1998年，探险者利用单绳技术第一次从崖壁升降，几经转换锚点，下降至大石围天坑的底部。从那里仰望天空，天空就像一个圆形的井口。

这片世界最大的天坑原始森林，也许是第一次接纳人类的脚印。从大石围天坑口望向坑底的森林，茂盛的树冠看起来就像巨型的西兰花。探险者抵达坑底后，才发现它们是一棵棵需数人才能合抱的参天大树。平日在绿化带里一米多高的棕竹，在那里也能长到六七米高。

使用单绳技术到达天坑底部的着陆点，其实是天坑底部的坡顶，距离地下河河口还有近百米的高度，想要到达河口还需要徒步穿越坑底的森林，约30分钟的路程。那是一片由巨大的砾石堆积而成的陡峭斜坡，尽管已经被植物覆盖，当人走上去时石块依旧会滑脱滚动。这些砾石，就是大石围天坑发育过程中崩塌的岩壁，它们跌落到坑底后，下一个目的地就是地下河河口。现在，这些砾石就像春运时火车站候车厅里的旅客，密密匝匝地挤在一起，等待着地下河的搬运。

那些被探险者脚步踩踏滚动的砾石是幸运的，它们向地下河河口前进的日程也许因为探险者的这一步，提

探险者进入天坑

从天坑底部向上望

前了几十年甚至几百年，有更大的机会进入新的旅程。反过来说，如果没有人类的干扰，它也许将永远留在森林脚下，被落叶掩埋，成为这里的一分子。

大石围天坑底部的地下河河口，混合堆积了很高的泥沙和小砾石，几乎快接近洞口顶部。从远处看，洞口显得很低矮。从边缘的斜坡进入洞内，才发现河道非常宽大，穹顶比洞口还高。

看到这样的河道，你会毫不犹豫地相信，只要它愿意，它可以很快就把山坡上的砾石清空。在那个河道上，即便开来三列火车，也能并排行驶。当然，它也不是一直这么宽大的，地下深处，它也会转折起伏，或狭或落。正如眼下，河道里的水流量不大，就像一条空着的铁轨，随时会有一列火车沿着它风驰而过。

天坑底部的地下河，是天坑继续发育的动力机器。如果哪一天，这种动力减退了，或者消失了，堆积不再减少，那天坑的发育也会减缓或停止。

在乐业—凤山世界地质公园内，大多数天坑只对科学考察开放，并且需要携带专业的工具设备才能进入。但也有几个天坑是对游客开放的，如大石围天坑，其建有观光天桥平台，登上这个平台，游客可以从坑口俯瞰这个令人震撼的超大天坑。

天窗：仰望苍穹的眼睛

天窗，是一种典型的喀斯特地貌，指地下河或洞穴顶部的竖井状洞道，它与地表连通，阳光可直射洞底，仰望如窗，是地下河通往地面的窗口。天窗的形成是由于地下水沿着裂隙溶蚀岩石，形成溶洞（地下暗河），再继续溶蚀，溶洞不断扩大，致使顶部塌陷，最后变形成了天窗。

广西的天窗景观，美在有水的衬托。从天空俯瞰，喀斯特地区的岩层过滤出碧绿清澈的湖水，像一个个蓝绿色的瞳孔，正仰望着苍穹。

天窗，是地下河道或洞穴向天坑和峡谷发育的中点。天窗出现后，地下河里的水分有时候会聚集成水汽从天窗飘出去，让天窗成为“冒气洞”。若地下河道上方或侧上方天窗周边的岩板继续崩塌，可以使地下河出露，成为峡谷或地表河流。

国外的地下河天窗数量很少，而国内发现的天窗则较多。广西已开发了多处典型的天窗景区，景区内天窗数量众多，由多个天窗组合成天窗群，其形态各异，较典型的有都安天窗群、凤山三门海天窗群和鹿寨香桥岩天窗群。

蜂巢式的都安天窗群

在都安地下河国家地质公园区域内，240 千米左右的地苏地下河系河道上，就发育有 500 多个规模、形态各异的天窗，是国内外分布密度最大、观赏性极佳的地下河天窗群。都安地下河国家地质公园是世界上最典型的地下河天窗集中发育区，典型的天窗有巴丁天窗群、九楞天窗、吞榜天窗、上坡天窗、上板旧天窗、南江天窗群、青水河边天窗群等，堪称世界第一地下河天窗群，是名副其实的“天窗之都”。

都安地下河国家地质公园主要形成和发育于中泥盆统至上二叠统地层的厚层灰岩、白云岩中。在这两个地质年代之间，共发生过两次物种大灭绝，那些被灭绝的物种被封存在地层中，有的凝固为化石，有的融化在岩石里。

地苏地下河流过不同年代的岩层时，先后在不同的地貌部位，打开了大小不一的“窗口”。这些天窗，处

都安天窗

于不同的发育阶段，且沿着河流的走向，呈线状串珠式分布于地苏地下河系流域。

都安地下河国家地质公园从上游至下游，与地下河流量的大小相对应，天窗由相对稀疏逐渐过渡至密集发育，个体规模也由小逐渐变大，而深度却逐渐由深变浅。其中，规模较大、形态典型的天窗有 136 个，可进入性较好的达 47 个。

大气又浪漫的凤山三门海天窗群

凤山三门海天窗群，分布于广西凤山县袍里乡坡心村，地表河与地下河频繁交换的三门海区域，主要发育于下二叠统栖霞组和茅口组地层的厚层灰岩中。在短短 700 米明暗交替的河道内，7 个天窗呈串珠状发育于其上，是国内外分布数量最多、分布密度最大的水上天窗群之一。“三门海”的名字来自天窗如同拱门的洞口，洞内水面宽阔通透，从天窗投射下来的光线，照耀在有数十米深的碧绿水面，使洞内空旷又明亮。洞壁四周有钟乳石琳琅垂挂，让人有种畅游在地宫海洋的神奇感觉。

三门海最大的 1 号天窗，东西长 106 米，南北宽 98 米，天窗四周悬崖峭壁，绝壁距离水面 45 ～ 54 米，天窗下方的地下河水域被称为“玉妆湖”，面积 4900 平方米，有大半个标准足球场那么大。平水期，玉妆湖水深也有 18 米，相当于 6 层楼的高度。可以想象，有朝一日，三门海干涸的话，玉妆湖也会变成一个宏伟壮观的巨大洞穴。

凤山三门海天窗（王梦祥　摄）

凤山三门海天窗

2 号天窗，东西长 85 米，南北宽 60 米，天窗绝壁距离水面 7 ～ 98 米，平水期湖面面积 1500 平方米，水深 19 米。

3 号天窗，东西长 96 米，南北宽 44 米，天窗绝壁距离水面 20 ～ 118 米，平水期湖面面积 1660 平方米，水深 24 米。

三门海天窗群集山、水、洞、天为一体，蔚为壮观。优质的地下河资源，奇妙壮丽的喀斯特湖、喀斯特泉、大型溶洞群、天坑群、天窗群、天生桥等多种喀斯特标志性地貌都集中于三门海景区内，三门海成了名副其实的喀斯特世界地质公园。

当人们在地下河面，通过天窗仰望天空时那种震撼的感觉，就像在茫茫的黑暗中，眼前豁然开朗，看见了外面神奇的世界。

藏身世外的鹿寨香桥岩天窗群

鹿寨香桥岩的天生桥名声在外，但知道香桥岩天窗群的人恐怕很少，知道它有 28 个天窗的人就更少了，因此说它是藏身世外的天窗群。鹿寨香桥岩天窗群发育于上泥盆统地层的厚层灰岩、白云岩中，深厚纯净的灰岩使得流水下切时毫无阻力，更容易侵蚀出垂直的裂隙，形成平整的围壁。

鹿寨香桥岩溶国家地质公园区域内的 28 个天窗，呈线状串珠式分布于长约 5 千米的下末地下河河道上，典型的有青塘天窗、九龙洞天窗、大岩天窗、半满山天窗、米粉岩天窗、老虎笼天窗、老鸦天窗、十二槽天窗等。

这 28 个“手牵手”的天窗，打造了一个可以预见的未来，那就是它们终有一天会从“牵手”发展为“拥抱”，届时，下末地下河也会成为下末河，残余的河道和山体，也会成为峡谷的一部分。

十二槽天窗

天生桥：不需人力修建的桥梁

天生桥是指因水流作用（侵蚀、溶蚀、冲蚀）导致地下河与洞穴的顶板崩塌后，由残留部分的两端与地面连接而横跨沟谷或河流上方，且中间悬空的桥状岩体。因此，天生桥下方（即桥拱）必是两端呈开口状且透亮（即阳光可穿透）的原地下河河道，即穿洞。

穿洞的两端一般是呈开口状且透亮的洞穴或原地下河河道。它也是因水流作用（侵蚀、溶蚀、冲蚀）导致地下河与洞穴的顶板崩塌而残留下来的，相对较短（长度多小于 200 米）的洞穴通道。其上方残留的岩体可能是形态完整的山体，如峰丛洼地，典型的有桂林象鼻山穿洞、阳朔月亮山穿洞等；也可能是桥状岩体，即天生桥。其下方可能是堆满崩塌岩体的旱洞洞道，即下方的洞穴已停止发育；也可能是碧水幽幽或水势汹涌的河道，即下方的地下河已转变为地表明流，其中较长者可称为“伏流”；还可能是崎岖不平的羊肠小道，或是畅通无阻的平坦公路。

天生桥的下方必定是穿洞，但穿洞的上方不一定能形成天生桥。因此，两者的关系可简单地概括为：有天生桥的地方一定有穿洞，但有穿洞的地方不一定有天生桥。

天生桥是我国各岩溶区较为少见的景观资源，普遍具有雄、壮、险、奇的景观特征，成为自然景观中最具旅游吸引力的景观之一。

跨越河流，连接两岸的桥，是人类为跨越障碍而设计建造的建筑。天生桥的出现却非人力所为，而是天造的。当板块运动将广西中部的这片岩层挤碎，大自然为这里留下了几块坚硬的岩板，江水用了百万年的时间寻找并冲蚀，雕琢出这些岩板最美的样子，在广西中西部造出了一条“天生天桥带”。它们的分布从柳州鹿寨到河池罗城、凤山，再到百色乐业，一座比一座高大，一座比一座精巧。

鹿寨香桥岩天生桥

鹿寨香桥岩溶国家地质公园位于广西柳州市鹿寨县

鹿寨香桥岩天生桥

鹿寨香桥岩溶国家地质公园（刘克林 摄）

中渡镇。香桥，被地质学家以天生桥典范收入《岩溶学词典》，和蜘蛛岩、月亮岩三座天生桥，共同构成了鹿寨香桥岩溶国家地质公园的天生桥群。这个天生桥群分布于现代河道和古河道上。

这片外表看起来瘦骨嶙峋的山地，隐藏了地质地貌上丰富多彩的景观。在鹿寨香桥岩溶国家地质公园约 40 平方千米的核心区域内，集中展示了亚热带喀斯特不同发育阶段的典型地貌景观及形态，有罕见的天生桥，也有天坑、天窗和天井，是一个“人才辈出”的大家族。

蜘蛛岩和香桥岩毗邻，两岩的桥拱宽大，相互守望。香桥岩下的洛江川流不息，而蜘蛛岩的古河道已堵塞，被遗弃在江岸上，显得更高峻一些。月亮岩因形似月牙而得名，看起来更像一个穿洞。但它位于近山顶的地方，顶板比一般的穿洞薄，因此学者将它界定为“桥”。在三座天生桥中，月亮岩的海拔最高，是最小的，也是最古老的一座。

凤山江洲仙人桥

江洲仙人桥也是一座天生桥，位于广西凤山县江洲瑶族乡凤平村。这座天生桥的跨度长达 118 米，宽 76 米，高 58 米。它形成于古生界二叠系，距今已有 2 亿多年的漫长历史。远远望去，桥拱的岩板整齐平缓，像一座放大了的石板桥，巍峨雄伟。

这座天生桥与众不同之处是，石桥的下方有凤山至江洲的公路穿过，那是一条车流量很大的公路。大客车

凤山江洲仙人桥（陈镜宇　摄）

在桥下的公路上驶过，从桥上看就像一个小小的移动的盒子。

江洲仙人桥是一座已经开始老化的天生桥，只有单边与山体基座相连。现在与山相连的部分已经崩塌了一大块，剩下的“桥板”左右比重失去平衡，明显有不堪重负的感觉。

公路边杂草丛生，石芽簇簇，如果不细看，很容易错过桥下峡谷里的江洲河。尽管现在的江洲河已经萎缩在一条可以一跃而过的石槽中，水流也若有若无，但仙人桥桥底两端的平台和桥孔的跨度，可以证明江洲河曾经的实力。

乐业布柳河仙人桥

从乐业县布柳河顺流而下，河岸丛林苍郁，藤蔓铺满树冠，借助树梢向河中垂落。这是一条绿色的峡谷，很难想象树木的根系能扎在坚硬的石灰岩上。当河水流到新化镇磨里村时，河上出现一座横跨河面的天生桥，当地人称之为“仙人桥”。

布柳河仙人桥桥拱跨度177米，拱高87米，桥长280米，宽约19米，桥型非常完美。按照地质专家的分类，这可以算是巨型天生桥。乐业县的喀斯特地貌类型十分丰富，地上峰林峰丛密布，地下天坑暗河相连。既然这里是典型的喀斯特地貌，溶洞普遍发育，那么作为溶洞塌陷后的残留——天生桥出现在这里就不奇怪了。

这座天生桥除了规模宏大、气势夺人，它的造型也

很独特。它立于布柳河的一个大转弯处，从上游来时，峡谷笔直，直到桥下拐弯处才看见桥洞。有点像沿着一座巍峨的城墙前行，走到了城门口，一扭头，突然看见雄伟的城门打开那种感觉。

坐船在桥下仰望，与基座相比，纤细的桥身上，岩层新旧的纹理宛如蛟龙转身，龙鳞粲然。待到远去时回头再望，又发现它大气工整，厚实稳重，完全换了一副模样。若非移步换景，亲眼所见，很难发现仙人桥有两副截然不同的面孔。

乐业布柳河仙人桥

另类的喀斯特

岩溶湿地是在喀斯特地区形成的湿地生态系统。这些湿地拥有丰富的植被和生物多样性，是许多珍稀濒危物种的栖息地。岩溶湿地给人一种宁静和神秘的感觉，仿佛是一片与世隔绝的绿洲。坡立谷是喀斯特地区宽阔而平坦的谷地。在河流的冲刷作用下，坡立谷会迅速扩大，并堆积上厚厚的冲积物，因此又被称为“土壤的收集者”。盲谷是在地下河流的冲刷作用下形成的一种特殊谷地。盲谷通常是一个封闭的谷地，只有入口没有出口，形成了一个盲流。这些谷地通常位于山坡或岩石岩层之间，给人一种神秘和幽静的感觉。站在盲谷内，你会感受到一种隐蔽的氛围，仿佛靠近了一个黑洞的边缘。

岩溶湿地：喀斯特最后的礼物

在桂林市临桂区会仙镇，有一片孤峰林立、曲河盘踞的小平原，在平原上有一片美丽的水域——会仙

会仙湿地（赵积亮　摄）

湿地。当桂林盆地中的孤峰和残丘越来越多（这个过程可能是亿万年），地下河道也被它所运送的碎石残渣堵塞得越来越严重。

每年 5 月，广西的雨季来临，桂林城外田野乡村的稻田、荷塘，似乎都变成了蓄水池，形成随着雨水来去的“潮田”。

大多数积水的“潮田”在雨过天晴后的几天就开始消退，只有少数地方仍会蓄积大量雨水，也就是人们今天所说的湿地。这些湿地曾经遍布桂林盆地，随着种植

业和养殖业的发展，以及对荒野的不断开发，它们渐渐消失，似乎只剩下桂林城南的会仙湿地。

湿地原貌

湿地与其他水域的区别是什么？

我国的湿地面积约 5635 万公顷，占世界湿地面积的 10%，居亚洲第一位、世界第四位。在我国，从寒温带到热带、从沿海到内陆、从平原到高原山区都有湿地分布。湿地这一概念在狭义上一般定义为陆地与水域之间的过渡地带；广义上则被定义为包括沼泽、滩涂、低潮时水深不超过 6 米的浅海、河流、湖泊、人工水库和稻田等。《国际湿地公约》中采用广义定义，其中包含狭义上的湿地，这有利于让狭义湿地及其附近的水体、陆地形成一个整体，以便于保护和管理。而对湿地的研究活动则往往是采用狭义定义。

岩溶湿地指形成发育于岩溶区的湿地，主要集中分布于各岩溶区内部河流、湖泊或水库的两侧。广西各岩溶区内湿地分布广泛，典型的有桂林会仙湿地、都安澄江湿地、大新黑水河湿地、靖西龙潭湿地等。它们既构成了所在岩溶区域秀丽的天然屏障和自然环境的大背景，也是所在水系的重要组成部分，具有保持水源、净化水质、蓄洪抗旱、维护生物多样性等重要的环境调节功能和生态效益，对构建和保存完整、系统的岩溶生态系统具有重要的意义。

《中国国家地理》杂志社社长兼总编辑李栓科在桂

林临桂·2011 国际湿地保护与发展高峰论坛上说："每一种不同类型的湿地，都有它自己的魅力和吸引力。会仙湿地也应该寻找属于自己的独特魅力。"查阅中国重要湿地名录，没有一个是在喀斯特地区的。会仙湿地是一个国际上非常少见的中低山低海拔喀斯特地貌湿地，其价值绝无仅有，这也成为它最大的亮点。

湿地人家与船为伍

会仙湿地位于广西桂林临桂区会仙镇境内，是漓江水系的重要组成部分，因其面积大，存水量多，生态环境佳，成为广西众多湿地中最耀眼的明星。

在会仙湿地春季农忙时节，码头台阶上堆着一担担水稻秧苗，河边芦苇荡漾，柳树依依，遮挡着视线，河湾里小船穿梭往来，热闹非凡。村民身背犁耙登船，紧随其后的一头黄牛也淡定自若地移步上船，船主人随即扬篙出行，这场景让人看得目瞪口呆。

这么大的动物如此轻易地登上这么小的一条船，且以如此轻松的步态，实在没见过。看着摇摇晃晃的小船，那头身体似乎比船还宽，也不会游泳的黄牛安然地远去，真是打心眼里佩服它和它的主人。

因为水面的分割，田地分布在湿地各处，有湿有干，要想到对岸的地里，必须撑船，所以湿地边上的孩子七八岁就都会撑船了，每家至少有一条船。春播秋收，农人一天要做的活，全装在船上来往运送。

湿地的河床不深，水流平缓，两岸有水田旱地，农人按时节春夏栽稻，秋冬种菜。数百年前修建的石拱桥点缀于河上，青峰远立，河面上满是野花荷叶，常见一舟系岸，却不见人影，与漓江游览趣味迥异。到傍晚时分，农人暮归，小舟纷纷从四面河汊聚拢，沿岸的三义村前，舟楫相连，延续近千米，一派水乡风情。

与桂林普遍的“八山一水一分田”不同，会仙有“三山六水一分田”之说。会仙湿地境内湖河纵横，睦洞湖是湿地最大的水源地。从相思江而来的桂柳运河从会仙湿地流过，依靠以睦洞湖为主的一串湿地湖塘补充水量。在会仙湿地内，以运河为主线，就有睦洞湖、分水塘、清水塘、督龙塘、冯家塘、青万塘等，河湖交错，水网交织如迷宫一般。

湿地植物与作用

会仙镇是水稻产区，每年从 3 月至 10 月种植两季。同时，湿地内水生和喜水植物（如芦苇、香蒲、马尾藻、蕨类等）丛生。沿岸原先古木茂密，水草丰美，本是鸟类栖息的理想场所，但在 60 多年前的“大跃进”时期，沿岸丰盛的树木几乎全被砍光。现在的湿地沿岸，树影稀疏，好在一些野生杂木林已渐渐复生。

据统计，我国的湿地共有高等植物 2200 多种，它们不断吸收二氧化碳等有害气体，释放氧气，优化空气。湿地能滞留沉积物、有毒物、营养物质，从而改善环境质量；还能以有机质的形式储存碳元素，减少温室效应。其中，沼泽可以吸收空气中的粉尘及其携带的各种细菌，起到净化空气的作用。

另外，沼泽堆积物具有很强的吸附能力，沼泽能吸附污水或含工业废水中的重金属物质和有害成分。也许很多人并不知道，发挥水质净化作用的“功臣”，是我们肉眼看不到的湿地微生物。

我们的身体里有两个重要的排毒器官，那就是肝和肾。地球也为自己准备了两个排毒“器官”，它们就是森林和湿地。常听见有人说，水葫芦“阻塞了河道，污染了水域”。其实水体并不是因为生长了水葫芦才被污染的，而是因为被污染的水体富营养化了，才滋养和扩繁了水葫芦。水葫芦本身就是废水净化的小能手，不能本末倒置了。

被一些人看作“害草”的水葫芦其实是一种非常好的驱毒“益草”，在世界上其他地方，它和香蒲、芦苇等被广泛地用来处理污水，它能吸收污水中浓度很高的重金属，如镉、铜、锌等。

有人做过试验，将废水排入河流之前，先让它流经一片沼泽地。经过测定发现，大约有 98% 的氮和 97% 的磷被吸附净化了，湿地惊人的清除污染物的能力由此可见一斑。

别让湿地在等待中干涸

被喻为“桂林之肾”的会仙湿地，曾经有 40 多平方千米，到 2021 年只剩下约 6 平方千米。

会仙湿地范围内现有 47 个自然村，约 2.2 万人，当地群众的农业生产和日常生活都与这片湿地紧密相关。人口的增长和工业用水量的增加，使大部分湖河的水位下降，会仙湿地也不能幸免。

当前，全球的湿地都面临危机，会仙湿地想要得到保护还需要社会大众、政府和学者们投入更多的关注、资金和智慧支持。所幸会仙湿地已经引起了国家和国际湿地机构的关注，被列为自治区湿地保护区，国际岩溶中心教科文组织也将教科基地设在了会仙湿地。

作为一个喀斯特地区的湿地，会仙湿地面临着双重挑战，除要面对普通湿地所面对的水源补给困难外，还要面对更严重的喀斯特地质的水渗漏问题。会仙湿地留给人类社会的时间不会很多。

会仙湿地内密布的村庄，蕴含了悠久的历史，具有人文和自然的多样性，其独特的喀斯特地貌，在漓江流域生态系统、岩溶生态系统及岩溶地区水土保持等方面都具有重要的研究价值。会仙湿地的保护与发展需要政府和社会大众共同努力，做到既保护生态、历史，又不落后于时代。

坡立谷：土壤的收集者

坡立谷又称岩溶盆地或岩溶平原，指岩溶区宽阔而平坦的谷地，它是由溶蚀洼地进一步发育形成的，其面积从数平方千米至数百平方千米不等。坡立谷两侧多有峰林，山峰耸立，谷底平坦。谷地内常有过境河穿过，由谷地的一端流出，至另一端潜入地下。在河流的作用下，谷地不仅迅速扩大，而且堆积了较厚的冲积物。因其横剖面如槽形，又称“槽谷”。坡立谷的出现往往标志着该地区岩溶发育已经进入后期阶段。

坡立谷来自塞尔维亚语“Popov”，原指可耕种的土地，现已成为国际通用术语。中国的学者在把它翻译成中文的时候，选择了一个很形象的名字——坡立谷，意思就是被喀斯特峰林包围的山谷。

坡立谷是喀斯特地区难得的土壤富集区。在雨季河流的作用下，谷地淤塞的河水将携带的淤泥沉淀在山谷里，堆积了较厚的冲积物，使得山谷里的土壤堆积变厚。此外，谷地中还会保留部分低矮的孤峰或残丘。

坡立谷广泛分布于国内外各岩溶区内，因其面积宽广、土壤肥美、地势平坦、水源相对充足等，逐渐成为各岩溶区内人们耕作、居住、生活与工程建设的主要场所之一，其中绝大多数已被开辟成农田区，少数成为村寨、城镇所在地，如广西都安瑶族自治县、乐业县、凤山县等。

广西凤山县的县城地处西北、东南走向的坡立谷，盘山公路从坡立谷的谷壁穿过，将这座位于谷底的平静的小县城与外界连通起来。凤山县城的选址在我国县城中是十分独特的，整个县城位于宽阔的峡谷中，山体对峙，形态万千。谷底不仅地势开阔，且水源充沛，岩溶区的风景与水源相得益彰，成为人类耕作、居住、生活和工程建设的理想场所。县城对面的松仁坡立谷、凤城坡立谷和恒里坡立谷三个大型坡立谷连在一起，呈连绵不绝之势，构成县城的天然屏障，宛如画屏。谷中的乔音河穿城而过，恰似玉带环绕，成为城市的水源地。建于宽谷地区内的凤山县城，自然条件十分适宜人居，宽谷内有平坦的耕地，宽谷周边交通方便，两边的峰林景观十分优美，山环水抱之中气候宜人。

坡立谷和盆地很相似，它们都是被群山环绕，有过境河和耕作土。它们的区别有以下两点：一是盆地为圆形，而坡立谷为长形；二是坡立谷最大的特征是过境河的水的来路是坡的底下，而水的去路则是地下河。

在都安地下河国家地质公园内，坡立谷广泛分布，规模巨大，基本上沿着区域构造线以北北西—南南东方向分布，四周山峰陡立，谷地平坦，它们与峰丛、峰林、地表河流等相伴相生，构成一处处优美的岩溶奇景。都安坡立谷的谷地一般宽 1 千米以上，长 10 千米以上。

都安坡立谷河流的入流过程表现为一般河流的入流过程，由于坡立谷的调蓄作用峰值大大降低，出流过程则表现为几个较低的流量平台，即如果河流串联坡立谷，

都安坡立谷

其形态结构的水文效应是削峰作用。

在贵州龙宫坡立谷，坡立谷群同样由于其特殊的流域地貌结构，在雨季及其后一定时段内水流的输出小于输入，大量的上游来水蓄积于坡立谷中缓慢释放，对下游具有很强的调蓄功能。

盲谷：地面河流的终结者

盲谷是什么样的？地表河流通过河床上的漏水孔转入地下，地表上的水流消失或河道终止，且在地表形成没有出口的河谷，这就是盲谷。单纯从地质名词解释上看，这个概念很抽象，只有结合具体的例子，才便于理解。

盲谷形成的原因主要有两种。第一种是位于山谷边缘的山体下方的下游河道被堵塞，河水流速减缓，淤塞

在山谷，造成沉积物堆积填平河道，形成河谷漫滩。随着堆积物的增高，下游河道逐渐被遮盖，成为伏流型盲谷。第二种是流水通道坡度加大或主流河道已成为地下河，地表集雨面仍能汇集形成短距离的流水或季节性河流，在谷中汇集后，被地下岩溶的孔道渗漏掉，无法形成稳定的长距离河流，这种盲谷可称为漏斗型盲谷。

广西乐业县百朗大峡谷的百中村前，有一条百中河，这条百中河就是一个标准的盲谷。说它标准，是因为它具备盲谷的所有特征，有河道，是季节性河流；在百中山洞口的绝壁前有伏流，伏流口有巨石堆积。当地的老百姓叫这样的洞为“消水洞”。百中河在百中洞伏流后，汇入百朗地下河，伏流 3 千米之后涌出地面，流

巴马命河盲谷

巴马命河盲谷

向五六千米外的红水河。20 世纪 70 年代，当地为了利用地下河出口的流水，修建了一个小水电站。如今，伏流的出水口已经成为龙滩水电站的蓄水区，小水电站也被淹没了。

盲谷并非总是那么温顺。广西凤山有一个盲谷，叫石马湖，它是因为伏流段的河道被淤塞后形成的。每当降雨稍大，地表汇集的水无法及时排放，就会在谷地上形成大范围的积水，使周边农作物受灾。当地的土壤虽然肥沃，农民也勤劳耕种，却屡屡无收。为此，地质专家也曾参与讨论治理盲谷的具体方法，力图使盲谷的水收放得当。

有人会问，盲谷是怎么和漏斗扯上关系的？两者之间当然有联系，实际上，漏斗或伏流都是不同的渗流方式，而盲谷则是它们跑进地下世界之前的“候车室”。

盲谷与伏流，形影不离的“拍档”

若不是凤江公路对面的地下河入口处，山体陡直，壁画一样的剖面那么吸引人的眼球，人们还真的难以发现那是个盲谷。站在凤江公路上看，阴阳山下这个山谷，四周山体如木桶般环绕，只在前方有一个峡谷的开口。这个众山围拢的山谷底部，有几千平方米的平地，开垦过的地方种着黄豆和玉米，未开垦的地方草地青绿。

在绝壁下的地下河河口处可以看到，谷中有一条V形的细小河床，大概是一条季节性河流，一截一截、断断续续地流着，从右侧前方山脚迂回到谷中央的位置，然后河床取了一条直线，笔直地穿过整个山谷，一直流到对面铁板一样的绝壁脚下。这一小股水流流到山脚后，便无声无息地消失了。岩壁下堆积着巨大的崩塌岩块，透过岩块缝隙，能看出这里曾是一个洞厅。很明显，这是一个伏流型盲谷。

凤山周边地区峰丛林立，地下河网密布，河水不是从这里冒出来，就是从那里钻进去，仅江洲一带，盲谷、伏流就有七八处之多。其中，最精彩的当数江洲地下长廊盲谷。

江洲地下长廊盲谷之所以有这么长的名字，是因为它还没有被命名。江洲河发源于喀斯特地区边缘的土山，由于土壤的保水性比较好，当喀斯特从土山手里接过江洲河时，江洲河是多么的澎湃呀！你看那被河水切割出横亘公路上方、跨度达 118 米、高度 58 米的天生桥就能想象它过往的恢宏气势。而现在，天生桥下的水流已经小多了，一两个月不下雨，河水就只剩下两米多宽的水沟，水量充足的时候，天生桥下也只有不到一半的水面了。沿着峡谷旁满是荆棘杂草的小路往下游走，只两三千米路程，峡谷里的绿色水道已经明显变小了。对此，喀斯特专家朱学稳教授认为，这是因为河水沿途被喀斯特峡谷的孔隙渗漏了。

就在水道变小的荒野里，远远看见江洲地下长廊盲谷的入口高悬于地面几十米处，洞口堆积着大量塌落的石块。转头再看，不知不觉间，二十多米宽的江洲河峡谷不见了，周边草地平整，略有起伏，灌木丛中，红色的野果如火一般“烧”遍了树干！隐约可以听见脚下有潺潺流水的声音传来。低头寻找，却发现原来脚边的地面上有一些坑洞，大的呈长条形，面积大概有十几平方米，小的不过八仙桌那样大，下边似乎有水流。原来江洲河在此处潜入了地下。

江洲河刚刚钻入地下成了伏流，却又已经蚀穿了上方的地面岩板，剩下的三四米宽的岩板成了小桥，形成了一座微型的天生桥。本来无法寻找潜入地下的江洲河的流向，但地下河道上的小天窗泄露了它的踪迹——顺着脚下天窗的走向，可以看到不远处的灌木丛下，接连还有几个不规则的天窗。安静的峡谷里，叮咚的流水声逐渐清晰了，大概地下伏流的河道坡度变大了，它在加速“下楼梯”了吧！再往前，天窗没有了，水声也听不见了。

看过了江洲地下长廊盲谷，相信你对“盲谷”和“伏流”有了更清晰的概念。“盲谷”这个定义中的“盲”

字，意为不知去向。所谓“伏流”，就是水往地下走，形象地说，就是水流入了人无法进入或通过的地段，且有进有出。伏流有大有小，有长有短。有盲谷就有伏流，盲谷的下面便是伏流，它们像一对固定拍档，形影不离。

地表汇水形成径流，侵蚀切割喀斯特地区，形成排水沟槽。

沟槽被进一步侵蚀扩大，形成峡谷。雨季暴增的地表水在低洼地区汇集形成季节性堰塞湖。在水动力的加持下，逐步发展出地下水流通道。

地下发育出完整的地下河系统，地表水完全或部分转入地下，因而形成有入口无出口的河谷——盲谷，或失去地表径流而干涸的干谷，以及河的“头尾”都藏在地下的坡立谷。

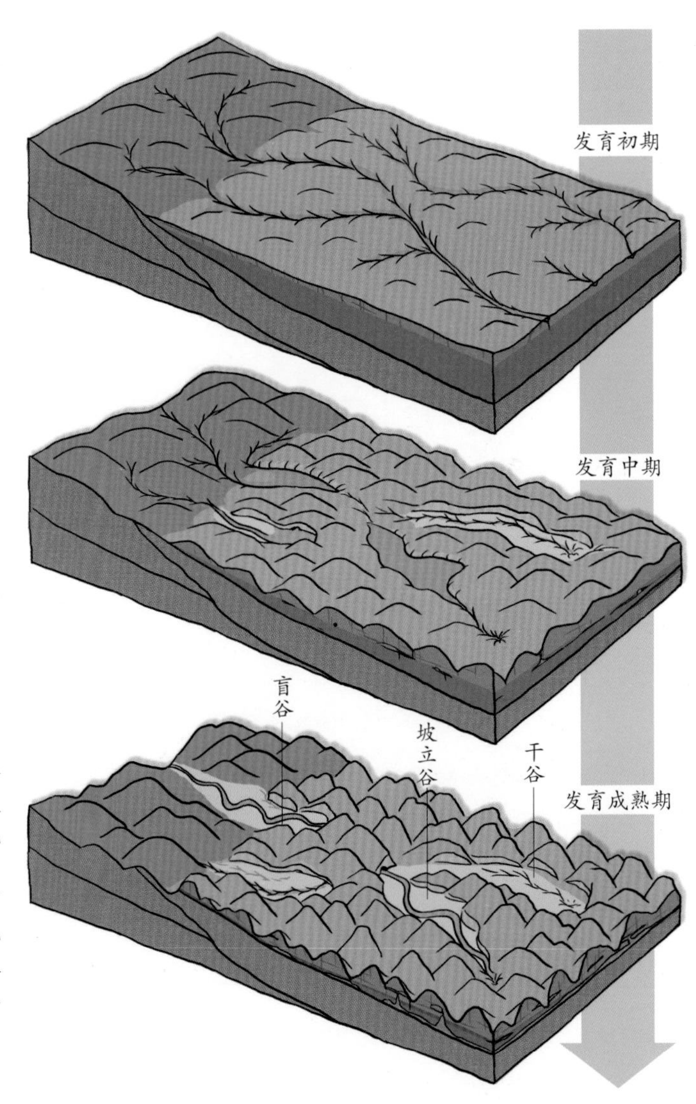

盲谷、坡立谷、干谷演化示意图（田稚珩　绘制）

神秘的地下空间

洞穴是一种神秘而令人着迷的地下空间，它是喀斯特地貌的瑰宝。当你踏入洞穴的黑暗中，你会发现一个隐藏的世界，这里显现了令人难以置信的景观和奇特的形态。钟乳石是洞穴中最为壮观的景观之一。它们像是从天而降的艺术品，形态万千。你可能会看到巨大的石幔从洞顶垂下，仿佛天空中的瀑布。或者你会遇到石笋，它们像是地下的森林，竖立在洞穴的地板上。它们的形成需要数万年甚至更长时间，每一滴水的滴落都在悄无声息地演绎着时间的故事。这些景观让人不禁陶醉其中，感叹大自然的创造力。

洞穴：黑暗中隐藏的大世界

几十万年前，人类的祖先就对地面的世界进行过无数次探索，人们在地面活动，对地面的各种地形、地名如数家珍。但关于洞穴的世界，人们讳莫如深。那里，在小说家的笔下，是一个神仙和妖魔鬼怪活动的地方，凡人似乎不应该去那里。

洞穴其实是人类最早的庇护所。十几万年前，人类找到了洞穴这个理想的居所后，始终把它当作终极的避难所。人类还因此出现了一个“洞族”群体——穴居人。洞穴冬暖夏凉，结实耐用，“一洞在手，代代拥有”。比如，在广西的桂林甑皮岩、柳州白莲洞，先民们一代又一代，在他们的“洞房”中生活了万年之久。

洞穴，一般指在土中、峭壁上或小丘里挖出来的空间，尤指有洞口通到地表的天然地下室。按发育地层可分为可溶岩洞穴（又称岩溶洞穴或溶洞，包括碳酸盐岩洞、石膏洞和盐岩洞等）和非可溶岩洞穴（包括砾岩洞穴、花岗岩洞穴、砂砾岩洞穴、熔岩洞穴、冰洞、冰川洞等）两大类型。除极个别洞穴外，自然界的洞穴几乎全是可溶岩洞穴，因此人们常说的洞穴往往被视为可溶岩洞穴。

洞穴的形成与发展实际上是一种极其复杂的化学溶蚀、机械侵蚀和崩塌的过程。首先，水流沿着可溶岩的层面节理或裂隙进行下渗，并向地下水位基准面排泄，然后水平流向地表的小溪。之后，地表河下切，地下水位基准面下降，渗入地下的水不断扩大裂隙通道，并形成主要的水平通道。最后，地表河不断下切并形成峡谷，地下水位基准面继续下降，主要水平通道中的水下降形成新通道，这样洞穴就形成了。

广西洞穴众多，广泛分布于各岩溶区。据不完全统计，广西典型的旅游洞穴有 50 多处，它们分别以钟乳石景观（如桂林芦笛岩、桂林七星岩、桂林冠岩、乐业罗妹洞、凤山鸳鸯洞、巴马水晶宫等）、古人类遗址（如桂林甑皮岩、柳州白莲洞）、红色文化（如东兰列宁岩、平果敢沫岩）等为主要特色。

桂林芦笛岩

芦笛岩位于广西桂林市区西北郊光明山南侧，洞深 240 米，游程 500 米。岩洞内部蜿蜒曲折，奇异多姿、玲珑剔透的石笋、石乳、石柱、石幔、石花，琳琅满目，组成“狮岭朝霞”“半首诗台”“红罗宝帐”“高峡飞瀑”“塔松傲雪”“丰收胜景”“鸟语花香”“盘龙宝塔”“曲径画廊”等 30 多处意境景观，构成了一个个彼此相连、互为衬托的钟乳石奇观，既宏伟又壮丽，令人目不暇接，可谓移步成景，步移景换。整个岩洞犹如一座用宝石、珊瑚、翡翠雕砌而成的地下宫殿，因此被誉为“大自然艺术之宫”。现洞内存历代壁画 77 幅，年代最早的为南朝齐永明年间（483—493 年）的题名，由此可推测出公元 5 世纪时就有人入岩游览，是世界上最早供人游览的洞穴之一。据说是因为洞口过去长满可制成笛子的芦荻草，于是便取名芦笛岩。芦笛岩于 1962 年正式开放，现在每年到芦笛岩游览的游客有 100 万人次。芦笛岩曾接待过尼克松、卡特、克林顿等多位美国总统及其他国家领导人，故芦笛岩又被称为“国宾洞”。2013 年，芦笛岩景区斥巨资打造了国内首创的 4D 奢华视觉秀，利用洞内穹顶天面，为游客呈现了一个从冰川世纪到海底世界的奇幻场景，全息科技表演让游客不仅身临其境感受大自然的艺术之美，而且还收获一次非同寻常的视听体验。

芦笛岩九龙壁

桂林七星岩

七星岩位于广西桂林市七星公园普陀山西侧，岩洞分上、中、下三层。上层仅存老君台等残存的洞迹，下层是仍在发育的地下河，现在可供游览的洞段是中层，洞内温度常年保持在 20 ℃左右。早在五六世纪就有了关于七星岩的文字记载，古时候曾叫“栖霞洞”“仙李洞”“碧虚岩”。七星岩原是一段地下河道，后来地壳变动，地下河上升，露出地面成为现在的岩洞，至今已有 100 万年以上的历史。岩洞露出地面后，雨水长期沿洞顶裂隙不断渗入，溶解石灰岩，并在洞内结晶，形成许多石钟乳、石笋、石柱、石幔、流石坝，并组合成“古榕迎宾”“白兔守门”“仙人晒网”“巨石镇蛇”“九龙戏水”“银河鹊桥”“石林幽境”“孔雀开屏”“蟠桃送客”等 40 多处景观。这些洞穴景观千姿百态，栩栩如生，瑰丽奇绝，就像一条雄伟壮观、气势磅礴的地

七星岩巨型石柱

下画廊展现在游人面前。七星岩也因此被喻为“神仙洞府”“第一洞天”。

七星岩是国内外游览历史最久的洞穴之一，早在1300多年前的隋唐时期就已成为游览胜地；明崇祯十年（1637年），明朝著名的地理学家、旅行家、文学家徐霞客曾两次入洞考察，并留下了翔实的记录；明代桂林进士张文熙在七星岩入口题词“第一洞天”，称赞七星岩是名山洞府中最好的。洞口的碑刻详细记录了众多历史名人在不同时期来此游览、考察。以该洞为核心组建的国家AAAA级七星岩景区，是桂林著名的旅游景点之一，每年到此游览的游客达几十万人次。

巴马水晶宫

水晶宫位于广西巴马瑶族自治县那社乡，洞穴发育在峰丛洼地谷地岩溶地貌区。各种各样的钟乳石广泛分布于洞内，其中雪白纯净、千姿百态、尚在生长发育中的卷曲石、石毛发、石花和鹅管等尤具特色。它们相互构景，互为点缀，构成“寿星踏雪”“活力四射”“水晶宫”“少女初浴”“玉鼠报喜”等晶莹剔透、妙不可言的钟乳石奇观。

水晶宫以发育大量毛发状屈曲方解石晶体而闻名。已知的绝大多数溶洞以发育各种各样的钟乳石、石笋、石柱、石幔、石莲等为主，也发育少量小的鹅管与针状细晶簇之类，而发育呈屈曲状、不规则弯曲的毛发状细晶的则十分稀少。但在水晶宫中，却发育了大量的鹅管和雪白晶莹的毛发状细晶，尤其后者最多见，数量惊人且种类繁多。这些坚硬的方解石晶体，不像钟乳石或鹅管那样笔直下垂，而是呈不规则的屈曲状。稍粗的似粉丝，细的似毛发或针簇，更细的竟像一朵朵棉絮，横向或斜向上方伸展、卷转甚至穿绕，完全不受地球引力的制约，让人百思不得其解。踏入洞中犹如进入一个虚幻的世界，十分奇妙。据现有资料统计，国内还没有类似的洞穴。在广西，也只有个别溶洞有这类毛发状结晶体和卷曲石，如百色阳圩洞、凤山县的西西里洞，但晶体数量很少。

2007 年，巴马水晶宫正式对外开放，现为国家 AAAA 级旅游景区，《中国国家地理》杂志对水晶宫给予了极高的赞誉，在“中国喀斯特景观之最”评选活动中，将其列为七大最美的旅游洞穴之一。

乐业罗妹洞

罗妹洞位于广西百色市乐业县同乐镇（乐业县城西南 1 千米处的乐雅公路旁），洞体由西至东呈狭长的 S 形廊道展布。洞长约 970 米，洞底面积为 20000 多平方米。洞内乳石悬泻，石帘惟妙惟肖，石瀑栩栩如生，造型奇特，莲花盆广泛分布于洞内，形态丰富、体量巨大，其发育的莲花盆数量及规模堪称世界之最。莲花盆是一种洞穴沉积物，它是天然形成的圆形石盆，犹如一朵朵盛开的莲花，是洞顶滴水、洞底流水、洞底平静池水在极为苛刻的条件下协同沉积的结果。三者在沉积过程中应该是同步加深和增高的，莲花盆形成时，洞底应该有一块平坦而不漏水的地方。莲花盆初生时，外围必

巴马水晶宫

须有边石坝形成一个封闭的池塘；池塘的上方还必须有水量较大的滴水。由于形成条件十分严格，还要在数万年中保持不变，所以莲花盆堪称洞穴奇观。

据统计，罗妹洞内大小莲花盆共计 296 个，若加上“盆中盆”的数量则达 600 多个，属世界上最大的莲花盆群体。单体莲花盆有浅碟状、木耳状、树墩状、蒲团状、石磨状、圆桌状、水盆状、睡莲状等。罗妹洞的莲花盆与众不同，盆盆相叠，盆中有盆，盆中有柱，盆中长

罗妹洞莲花盆群（李晋 摄）

罗妹洞“莲花盘王”

“树”，奇景不断。镇洞之宝——“莲花盆王”，是已发现的世界上最大的莲花盆，直径达到 9.2 米，面积近 70 平方米，相当于一套两居室的房子那么大。踩着莲花盆通道游览其间，石笋奇异，钟乳垂挂，晶莹透亮的石笋、石柱、石瀑和形状不一的莲花盆在七彩灯光的映射下美轮美奂，让人如临仙境。

北流勾漏洞

勾漏洞位于广西玉林市北流市城东 5 千米处的玉梧公路旁，是古代道教“三十六洞天”中的“二十二洞天”。勾漏洞以勾、曲、穿、漏的特点而闻名，由宝圭、玉阙、白沙、桃源四个洞穴组成，不仅洞里有洞，洞里还有暗河，长度超过 1000 米。洞穴内的石灰岩经过亿万年的溶解变化，形成了各种形态各异、令人目不暇接的石钟乳景观。有的石钟乳形状酷似飞禽走兽，栩栩如生；有的则仿佛水族海珍，活灵活现。洞内光影交织，绚丽多彩，行走其间，时而穿越只能容纳一人通过的狭窄通道，时而进入宽敞明亮的大厅，时而跨过清澈的地下河流，仿佛置身于人间仙境之中。

相传，东晋著名道教理论家葛洪，放着“散骑常侍”的高官不做，“求为勾漏令”，在宝圭洞炼丹修道，著书立说，最终得道升仙。洞里至今仍保留多处炼丹的遗迹，不少题壁诗也都谈到葛洪当年在洞中炼丹的故事，神话传说给这座名洞增添了一抹神奇的色彩。自唐宋以后，勾漏洞就是一处道教圣地，到此的访客络绎不绝，其中不乏谪宦、名人，他们在勾漏洞游玩时，或惊叹勾漏之神奇，或感时伤怀，留下了大量石刻。这些石刻有草书、行书、隶书和篆书等多种书体，内容涉及游记、纪事等，具有很高的历史和艺术价值，为勾漏洞倍添艺术魅力。

1637 年，徐霞客曾夜宿勾漏洞，并游洞探险。他在《粤西游日记》中生动地描述了周围的山、洞的情况，在描述勾漏洞之风物奇异时，他不吝溢美之词，同时还绘制了一幅《勾漏山图》。

1965 年，中国现代文化巨匠郭沫若在游览勾漏洞后，留下亲笔题咏“魏晋以来负盛名，洞天勾漏自天成”，

勾漏洞石刻

葛洪石雕像

郭沫若夫人、书法家于立群给洞题额“勾漏胜景”。

洞穴探秘

尽管人类的祖先知道有无数神秘的孔道通往地下的世界，但受限于科学认识和技术条件，他们无法迈出向下探索的脚步。随着探索设备的不断升级，人类向地下世界前进的决心越来越强烈，脚步也越走越远。这些先行者们都看见了什么呢?

那是一个与地上世界一样，有奔腾的河流和峡谷，有各种闪烁着宝石般光芒的“宫殿花园”！峡谷状的洞道和深远黑暗的洞穴大厅，拓宽了人们的视野。

我国有分布面积广大的碳酸盐岩，加上新近纪以来的构造抬升运动以及雨热同期的气候条件，让我国成为世界上洞穴资源最为丰富的国家，估计洞穴有数十万个。在我国西南部，洞穴发现数量占到全国洞穴发现总数的四分之三，按照已知的数据排序，贵州位列第一，广西第二。

根据初步统计，我国实测长度超过 5 千米的岩溶洞穴有 79 个；深度大于 250 米的岩溶洞穴有 62 个；洞底投影面积超过 2000 平方米的岩溶洞穴大厅有 24 个；长度超过 50 千米的岩溶地下河有 23 条。

广西是湿润热带、亚热带岩溶地貌区，大型的岩溶洞穴主要集中分布在高原向高山岩溶地貌带的斜坡区，并过渡到广西盆地。

广西大型洞穴的发现与探测很大部分是中外联合洞穴探险活动的成果。近 30 年来，在广西开展的中外洞穴探险合作有数十次。这些合作勘察，发现了许多岩溶洞穴，并探明了许多地下河的长度和广度。通过国际合作，广西拓宽了岩溶洞穴的研究机制，培育了一批掌握洞穴探险技术和知识的人才，启发了民众对地理地质的关注和了解。

黑暗的洞穴中确确实实还隐藏着很多的危险！在洞穴深处，密闭的空间中，氧气缺乏是一种危险，某些气体过多也是一种危险。进入空气留滞的狭小空间前，用明火测试空气中的氧含量，是一种简单有效的避险方法。

和位于洞穴上层的干洞相比，下层的水洞更为危险。越接近地下河道，越容易遇到河道上方岩板中开口的天窗和跌水处的虹吸作用，还有地下河上游集雨面突发或大量的降雨引发的洪水。因此，最稳妥的办法就是不要在降雨前后进入地下洞穴。

钟乳石：洞穴世界的公主

与洞穴探险者时刻面对着危险不同，洞穴经开发后呈现出的精彩与美丽，对游客而言简直是一种享受。从唐代就被开发进行游览的桂林芦笛岩、七星岩，到近几十年前才被开发的柳州都乐岩、荔浦银子岩、马山金伦洞、武鸣伊岭岩、巴马水晶宫等，一个又一个的黑暗洞穴被打开，那些美轮美奂的景观，吸引着越来越多的游客前来观光游览。

科学研究发现，世界上的洞穴大部分发育在可溶岩层，小部分在白云岩层，还有较少的分布在盐层和非可溶岩层。本是同根生，花开各不同，由于洞穴内温度、压力、风速、湿度不同，以及孔隙下水量的大小和运动速度的变化，各种不同的组合可以产生形形色色的沉积物，其中最有代表性的就是钟乳石和钙华。

这里所说的钟乳石是广义上的，它是指碳酸盐岩地区洞穴内，在漫长地质历史中和特定地质条件下形成的石钟乳、石笋、石柱等不同形态的碳酸钙沉淀物的总称。

钟乳石是由含有二氧化碳的地下水在流经石灰岩层时形成的。这是因为，溶洞大多分布在石灰岩组成的山地中，石灰岩的主要成分是碳酸钙。当含有二氧化碳的水与石灰岩中的碳酸钙发生反应，会生成碳酸氢钙溶液。

当这些碳酸氢钙溶液顺着溶洞中的裂缝向下抵达洞穴顶部时，溶液和空气接触，当遇热或压强突然变小时，溶解在水里的碳酸氢钙就会分解，重新生成碳酸钙沉积下来，有的沉积在洞顶，有的沉积在洞底，形成大小不一、形态各异的沉积物，同时放出二氧化碳。这些沉积物在地质学上称为钟乳石。钟乳石的形成往往需要上万年或几十万年。

游览洞穴的时候，游客们听到最多的介绍就是“它像某某”。其实，关于钟乳石像什么，可以说仁者见仁，智者见智，也许你更想要知道的是：它们为什么会长成这样？根据形成的水文机制不同，科研人员通常将洞穴沉积物分为重力水沉积、非重力水沉积、复合沉积三种类型。

重力水沉积，指在地球重力作用直接控制下进行运动的水流（如滴水、流水、溅水、池水等）的水文机制下形成的沉积物。例如，滴水沉积会形成石钟乳、鹅管、石笋、石柱、石蘑菇；流水沉积会形成石带、石旗、石幔、石幕、石盾、石瀑布。

非重力水沉积，指主要在毛细水及更微量的水分（如薄膜水）活动条件下形成的沉积物，如卷曲石、石花、石毛发。

复合沉积，指在滴水与流水、滴水与溅水、滴水与池水等，两种或多种不同的水文机制的协同作用下形成的沉积物，如莲花盆、穴珠、棕榈状石笋。

当你踏入洞穴的深处，仿佛进入了一个神秘的世界。在这个隐藏在地底下的神秘空间里，你会发现许多令人惊叹的洞穴奇观。

首先是石钟乳，它们从洞顶垂下，形状各式各样，有的从洞顶倒挂下来，像一串串果实；有的像藤萝，从空中垂下，百般缠绕。在洞顶，你还会发现石旗，有的像是挥动的旗帜，有的则像是飘扬的船帆。它们高耸而威严，仿佛在向人们展示着洞穴的庄严与神秘。

洞底随处可见的石笋，就像是洞穴的守护者。它们从地面冒出，向上生长，形成了尖尖的锥形。有的石笋矗立如林，有的则细长而优美；有的像耸立的宝塔，有的像成簇的珊瑚，变化多端，形状各异。

在洞穴的角落，你会看到石柱，它们直挺挺地矗立着，像是巨人的雕像。有的石柱粗壮而庄重，有的则纤细而优雅，每一根都透露着岁月的沧桑与守护的力量。

漫步在洞穴中，你会发现石瀑布，它们仿佛是洞穴的喷泉，从洞顶垂下的水流形成了壮观的瀑布状沉积物。

此外，洞穴中还有鹅管，它们如同洞穴的管道。鹅管从洞壁伸出，有的笔直向下延伸，有的弯曲如同通道。它们犹如洞穴中的秘密通道，引领着人们进入这个神秘的世界。

最后是卷曲石，它们像是洞穴的卷发。卷曲石纹理曲折多变，像是一束束蜷曲的发丝。它们独特的形状，给洞穴增添了一丝柔美和灵动的气息。

在洞穴王国中，石钟乳、石笋、石柱、石瀑布、石旗、鹅管和卷曲石犹如王国的一个个公主，展现着各自独特的美丽和魅力。它们是洞穴中最美的装饰，也是自然的杰作，吸引着人们来探索这个神秘的地下世界。

石钟乳

石钟乳即狭义的钟乳石，是洞顶向下滴水、喷水逐渐结晶形成的垂直生根于洞顶的碳酸钙沉积物，通常看到的从洞顶向下垂吊的冰锥状沉积物即为石钟乳。由于洞穴的沉积环境差异较大，故所形成的石钟乳的形态、大小差异也较大，各具特色。

菌状石钟乳

唢呐状石钟乳

喇叭状石钟乳

石笋

石笋一般是指洞顶的水滴落到洞底后，水中的二氧化碳逸出，碳酸钙发生沉淀，形成的由下而上增长的锥状碳酸钙沉积物，由于形如竹笋，故名“石笋”。

“巨型石笋”位于乐业—凤山世界地质公园内号称“石笋博物馆”的鸳鸯洞内。在宽敞的洞厅中，大大小小的石笋遍及全厅，有千余根，其密度之大国内少见。在众多的石笋中最引人注目的是洞底南部的“巨型石笋”，其高度为 36.4 米，仅次于古巴 67.2 米和意大利 38 米的石笋，名列世界第三位。

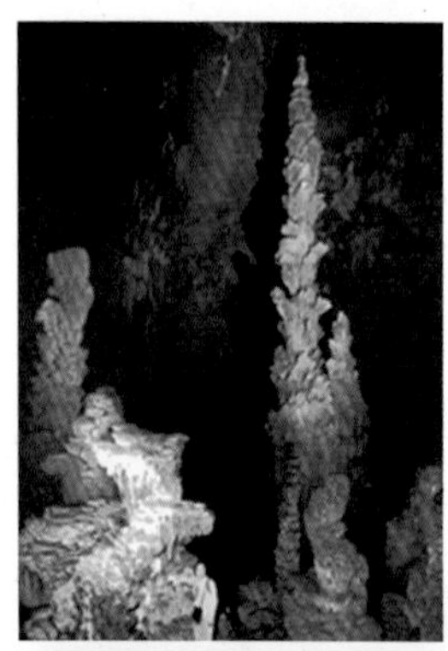

凤山鸳鸯洞“巨型石笋”

桂林银子岩伞状石笋

冠岩棕榈状石笋

石柱

当石钟乳往下长，与对应的向上生长的石笋连接后，所形成的柱状体沉积物称为“石柱”。石柱是岩溶洞穴中除石钟乳、石笋之外最为普遍的一种沉积类型，是石钟乳、石笋发育延长相接的结果，其粗细、高矮各异，各具风采。

“擎天玉柱”位于大新龙宫洞内龙宫宝藏厅中央。其上、中、下直径悬殊，柱面装饰秀美，高 48 米，在灯光下柱体上的附着物——绿色至灰蓝色石钟乳既像倒挂着的玉米，又像锦旗穗般一个接一个，自下而上五彩缤纷、精美绝伦。

大新龙宫洞“擎天玉柱”

瘦高石柱是沉积时间短、增长速度快的产物，在岩溶洞穴中分布较多。其中，较典型、精美的属马山县金伦洞中段的主洞与支洞交叉部位南侧的两条直径仅10～15厘米的瘦高石柱，一条高8米，另一条高15米，顶天立地。与该景相似的还有荔浦银子岩的“顶天立地”石柱和大新龙宫洞宝藏厅的“龙宫神箭”石柱。

荔浦银子岩“顶天立地”石柱

大新龙宫洞“龙宫神箭”石柱

石瀑布、石幔

石瀑布是连续不断的片状流水沉积所形成的瀑布状沉积物，一般宽度较大的称为“石幔”，较小的称为“石瀑布”。大新县龙宫洞中的石瀑布美在色彩鲜艳，顶底分明，纵纹清晰，在灯光的映照下闪烁着绚丽的光芒，引人入胜。

大新龙宫洞石瀑布

宜州荔枝洞石幔

石旗、石盾、石幕

石旗是形成在顶板或洞壁上的一种流水沉积。石旗具有纹层状构造，厚度为 2.5 ～ 10 毫米，宽度可达 1 米，呈透明或半透明状。轻敲石旗，音色悦耳。由于下渗水中含有杂质且有一定的周期变化，石旗常有不同颜色的条纹出现。石旗多具有锯齿状棱边，有时其终端还有石钟乳悬挂。

石盾是从洞顶或洞壁以任意角度伸出的板状物，形状近似圆形。石盾因具有一块盾形的板面而得名，盾板由上下两片吻合而成，各自有向外侧增生的对应环形纹理。

石幕是洞壁上以连续片状流水沿洞壁裂隙形成的幕状沉积物。

马山金伦洞石旗

荔浦银子岩石幕

巨型石幕

鹅管、卷曲石

鹅管是石钟乳的初始形态，从洞顶向下生长，是上下直径基本一致的细长中空透明的石钟乳。当含有二氧化碳的水从洞顶裂隙下渗至渗流带的洞穴中时，

由于温度和压力的变化，水中的二氧化碳逸出，首先在水滴周围形成一个个碳酸钙小圆圈，之后水滴不断滴落，顺着小圆圈不断向下生长，于是便形成了一个细长中空的沉积。

鹅管

鹅管

卷曲石又称“石枝”，属非重力水沉积，由岩石表面毛细管水随微风飘动逐渐沉积而成的。其形态优美，晶莹剔透，弯曲的石枝像蠕虫蠕动翻腾，也像玻璃液体吹成的晶花。卷曲石常与鹅管、石花同时出现，多数附着在鹅管四周，呈针状、螺旋状，扭曲地向上、向侧方自由地生长。直径从不足 1 毫米到几毫米，长度一般只有一二厘米，其中央部分往往有一孔洞。

卷曲石

流石坝

流石坝，也叫“石梯田”，是流水长年累月冲刷石灰岩形成的一种洞穴岩溶形态。流石坝一般位于洞穴底板上，沿着倾斜的洞底一级级地由上往下排列，常表现为一系列弧形的阶梯，水从上往下流，流石坝便拦蓄水流成为一个个水池。流石坝的高度变化较大，小者仅数厘米，高的可达两三米。

七星岩流石坝

乐业罗妹洞流石坝

石膏花
鹅管
石喷头
流石
边石坝
文石花
石葡萄
云朵石
莲花盆
穴珠
钙膜
纺锤石
石灯台
犬牙晶花

各类钟乳石分布示意图（田稚珩　绘制）

后记

当写完这本书稿，我总觉得对岩溶地貌的介绍似乎刚刚开了个头。前面的章节只是大概描述了岩溶的一些主要类型，还有很多关于它有趣、独特的细节和“小样”都无法一一呈现。我希望读者们有机会可以到大自然里去观察，去提问，然后去阅读更多关于岩溶的图书。本书在写作过程中，得到了广西科学技术出版社丘平编辑的大力协助，才得以让书稿在规定的时间内完成。另外，这套丛书还有其他十五册精选专题，我很期待能早日拜读，特别是朱千华老师的《江河奔腾》和吴双老师的《植物王国》，在我踏游广西的青峰翠谷时，常常会与他们结伴而行。岩溶地区的河流有它澄澈的个性，岩溶地区的植物也有它坚韧的生命力，岩溶地区的人们，同样兼备了上述品质。与自然界相比，人类还很年轻，我们要多从自然中学习，了解自然界的发展、演进和循环。多一些对自然环境的认识和了解，对我们的日常工作和生活大有裨益。比如，对不同类型岩石的了解，可以帮助我们挑选合适的建筑材料；在房屋选址时，优先观察附近地形地貌的变化；在野外露营的时候，能发现和避开危险的营址。我们只有了解自己所处的环境和状况，才能更好地预见和把握未来的发展。

覃妮娜

2023 年 7 月